U0208693

设 计 师 之 旅

SHE JI SHI ZHI LV

100の东京
大人味发现

TOKYO 100 TOMIC SELECTS

吴东龙著 TOMIC WU

民主与建设出版社

GINZA
RESTAURANT CITY
KOKUSAI MOTORCARS
TAXI
km

写在前面

追求自己期待的大人味生活

／吴东龙

出版前，硬是再度走访一趟东京。我坐在青山刚开的**蓝瓶咖啡馆**（BLUE BOTTLE COFFEE）里，看着店内服务人员穿着浅蓝合身的丹宁衬衫、围裙，一手放在背后，一手拿着手冲壶，带着笑意专注而缓缓地冲出一杯杯的咖啡，我心想：手上的这杯咖啡是伴着微笑而生成的，特别好喝。

2012 年我出版《东京设计志 01》，以日本的“生活风格店史”来说，那是继 1995 年以设计家具店为主的“设计风潮”（デザインブーム）、2005 年以生活杂货店为主的“生活系风潮”（暮らし系ブーム）之后，另一个“生活风格风潮”（Lifestyle Boom）时代的来临。成因是当时经济不景气与贩售生活杂货的店家逐渐饱和；另一则是美国西岸第三波精品咖啡的出现，于是浅烘焙与非速食的咖啡文化扩展带动了更贴近生活的 Lifestyle shop 热潮出现。2015 年 BLUE BOTTLE 来到东京，选在清澄白河开店，也有越来越多自家烘焙咖啡豆、手冲咖啡的店出现，因此这种更重视生活风格气氛的商店空间，在经济环境不乐观的场景下，容许每个人仍得以拥有或创造出自己的生活风格，获得精神上的满足。而产生这本书的时代环境，就是在 2012 之后到现在，从这些精彩变幻的设计景点，更有个人趣味地观察东京的形变、质变，迄今仍未停歇。

“100 の东京大人味发现”的命题，在书写东京第九年的时空下出现。长期观察东京的自身，也随着东京不断改变，其中年纪自是无法抗拒，视野也应随之越来越广、层次该要愈看愈深，对设计的敏感度自是益加敏锐。为了更了解我感兴趣的日本，我一直保持认真阅读日文杂志的习惯，试图在表象之下，从描述的文字、语气、句法去窥探他们没有说出的观点、想法与态度，持续这件事让我倍感丰收，不知不觉中对许多东京文化现象释疑，对城市与设计的发展感受更深刻，让我在文字书写时多了不同的思考向度。

日文中所常强调的“大人”，也就在于随着年龄，看事情的深度、广度、角度与态度有所改变。特别是在东京的大人，在工作与生活里充斥压力之际，也伴随着对更好生活的追求。尤其在文章里常出现与大人相关的词汇：“暮らし”、“隐れ家”、“寛ぐ”与“自分らしい”等，当向“大人”迈进时，总会对生活更加认真，处世要更有智慧，喜欢纯粹的正品，能深度地品味与讲求更纤细而丰富的五感体验，也能享受让身心得以放松、平静、沉稳与沉淀静谧的秘密基地，过着更具自我风格也坚定自信的生活。

反映在工作上自是要更加专业，无论行业与位阶，尊重自己也得到尊重，大人的意识与品位形成一个稳定的力量与优质的循环关系。因此当用时间慢慢冲泡出的微笑咖啡大受欢迎，似乎反映着大家依旧渴求在受局限的现实生活里找到幸福感，在城市里感受美好。

我想我会继续书写与出版，正是由于这样的东京总是带给我无限启发并不断激活我再出发的动力，另一方面，也是因为在多年进行这件事的过程中，尽管辛苦但总是收获无限，不仅自身得到成长，还得到家人、朋友、同事、各地读者乃至网友们的鼓励，时时分享幸福美好。

如果这本书可以是一份传递讯息的礼物，我希望传递给阅读这本书的大人们，它不只是一本介绍很多东京精彩样貌的书，它更想分享给各位努力、认真生活与工作的大人们：感受东京的美好，你值得有更好的阅读品质，值得有更好的生活、更好的旅行与品位选择，通过这本书，在东京，你可能会找到答案，从体验去发现你值得拥有也想要的生活。

谢谢________________，丰富这段出版与人生的旅程。

おとな

[0]【大人】

①十分に成長して，一人前になった人。成人。
↕こども〟ーになる〟
②考え方や態度が一人前であること。青少年が老成していること。〟年は若いが，なかなかーだ〟〟君の考えもだいぶーになったね〟

①成熟而足以独当一面的人。成人。
②形容思维与态度能独当一面。少年老成。

100の东京大人味发现

TOKYO 100 TOMIC SELECTS

Contents

100の东京大人味发现

TOKYO 100 TOMIC SELECTS

Contents 2 / 2

WORLD
WORLD

Hello! New Tokyo

如果现在要选一个地方开始重新认识东京，丸の内的东京车站是很好的起点。这里也是过去外国使节来到日本、拜访皇居前，描绘东京轮廓的开始。在东京车站兴建百年之后，东京时隔 50 年再度争取到奥运举办权，像是人生有了新目标一样朝气蓬勃，还有了迈步向前的方向指针，于是旧区更新的同时，新的区域也正被规划开发，新旧交替间，保持原貌与即将展现新样貌的东京，最是值得期待。

Marunouchi Tokyo

东京的都市更新与开发、复原与修复再利用的脚步从未停止，并总有配套措施同时实行。总体规划的观念从不会被排除在单一建筑工程计划之外，因此当新商区形成时不至孤掌难鸣，而是共存共荣，带出新商机与新气象。

辰野金吾于 1914 年设计的东京车站，作为外宾来皇居时的重要门面，其建筑风格在屋顶与窗、门的设计细节上表现无遗。

100 年后，500 年果铺**虎屋**新店（TORAYA TOKYO）与法国设计师 Philippe Weisbecker 合作，将他笔下的东京车站，呈现在店内墙上海报与包装上，给人独特体验。

东京车站的复原与成功的都市再生

TOKYO STATION

丸の内

东京车站（TOKYO STATION），日本重要文化财产，这栋1914年的红砖造建筑由留学英国学习西洋建筑的辰野金吾设计，其间经历了1923年关东地震，1945年第二次世界大战期间因为炮火攻击丧失了漂亮的圆形拱顶，在为期6年的修复期间，又受到311东日本大地震的波及，令人不禁觉得车站命运多舛。不过，历经百年后的现今，哥特式对称形式的老建筑被细心修复，红砖与花岗岩堆砌出磅礴气势，将安妮女王风格(Queen Anne)的强调屋顶变化、门窗装饰细节的“辰野式”建筑展露无遗，车站建筑的复原对新旧世代的东京人来说都别具意义。

当面对红砖墙的车站建筑，看到车站两侧美丽的褐色弧线勾勒出湛蓝色拱形屋顶，或是走进其中，仰望浅黄壁面与穹顶精美的动物浮雕细节，感受光线透照进来显现的空气质地，耳边似乎还能听到隆隆车声，恍惚间好像回到了百年前的大正时期。

在车站的楼上空间各有一个“具象”与“抽象”的空间再生。所谓“具象”的部分，是车站启用第二年，1915年开业的东京车站酒店经过几番修整休业后，终于在2012年以酒店的形式再现，并以持续使用的方式来延续对古迹的保存热度，不但作为举办婚宴的场合十分便利，还可以提供入住者一种难得的、与众不同的宿泊经验与窗外景观。另外，在车站南翼的2楼，还有开业超过半世纪的京都老牌果铺**虎屋**新开店，在复原后的东京车站里喝茶、吃和果子，都让人的五感体验丰富。现在的东京车站在此不仅可以作为传承历史或记录岁月的文化空间，还提供了满足食住行乐等的实用生活机能，与时俱进，贴近人们的生活。

另一个“抽象”的空间则是因为复原计划中，有所谓“空中权交换”的制度。也就是说，只有3层楼的东京车站，可以将3楼以上的空中空间让渡给其他建筑，因此“丸の内”区域的新丸大楼与东京大楼购得了这个“上空建筑权”，并盖出比原本法规规定还高的高层建筑，车站也因为收取了费用得以修复，同时也丰富了车站风景。

about **TORAYA TOKYO** 虎屋*002

虎屋（TORAYA TOKYO）可吃茶和购物，设计总监葛西薰先生一方面延续了他过去为多间店铺设计的经验（六本木hills店、Midtown店、表参道hills店），一方面还刻意露出了红砖墙，以凸显东京车站店的空间特色。这间店在视觉上特别与法国设计师Philippe Weisbecker合作，将他绘笔下的东京车站，呈现在店内墙上的海报与合作限定版的羊羹包装上，独具风格。

本店招牌是“夜の梅”羊羹与红豆＋巧克力的蛋糕，café也供应午餐与轻食、甜点。

TOKYO STATION

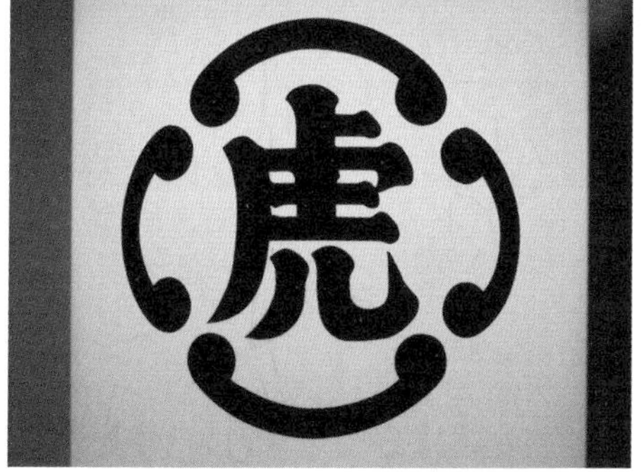

TORAYA TOKYO

丸の内建筑风景

ARCHITECTURE in MARUNOUCHI.

丸の内

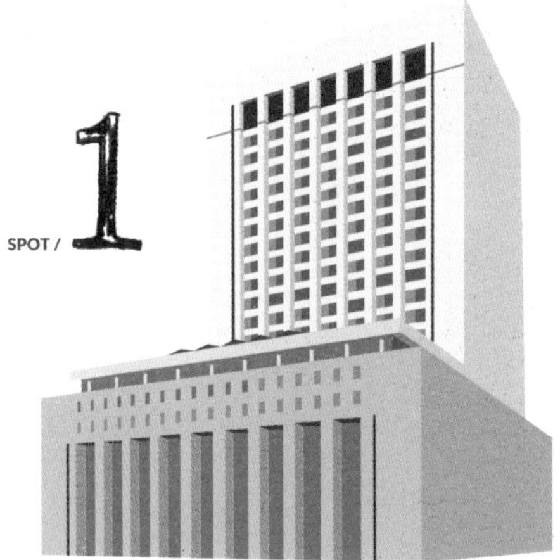

DN TOWER 21 旧第一生命馆 *003

Designer 渡边仁、松本与作

完成时间 1933 农林中央金库有乐町大楼，1938 第一生命馆，1995 合体

马场先濠旁的**第一生命馆**是渡边仁和松本与作合作的建筑，它正面有十根柱列，具有古典主义建筑形式，并且摒除了装饰，赋予了现代设计特征；后栋的**农林中央金库有乐町大楼**亦由渡边仁设计，于 1933 年完工。旧第一生命馆地上 6 层地下 5 层与农林中央金库有乐町大楼于 1995 年由 Kevin Roche 将两栋增建为合体，成为前低后高达 21 层的 DN Tower 21。

明治生命馆　丸の内 MY PLAZA *004

Designer 冈田信一郎

完成时间 1934

明治生命馆是明治生命保险公司所建造的办公大楼，外观是当时流行的古典主义样式，有来自意大利花岗岩的科林斯柱列、厚重的铜铸大门，内部有净白精致的雕花天花板与大理石柱。建筑也经历过二次大战的炮火波及，战后生命馆还一度被美军接收。1997 年**明治生命馆**被指定为重要文化财产后，生命馆逐渐获得修复。2004 年与后方 30 层高的**明治安田生命大楼**合为一复合式商业空间**丸の内 MY PLAZA**，同样垂直的线条，调和了传统与现代的新旧大楼。

三菱一号馆 *005

Designer Josiah Conder

完成时间 1894 / 2009

丸の内最早的 3 层红砖瓦建筑的办公大楼，因为是计划开发为三菱村的第一栋而被称为一号馆。其建筑风格是十九世纪末期英国所流行的“安妮女王风格”（Queen Anne style），有许多墙面、窗户的装饰细节与多样的屋顶设计。1968 年因老旧而解体拆除，保存还是新建一直备受讨论。直至 40 年后才依照原样式与设计图复原，2010 年正式开馆，目前是作为企业美术馆，**三菱一号馆美术馆**。

illustration by 李绍文

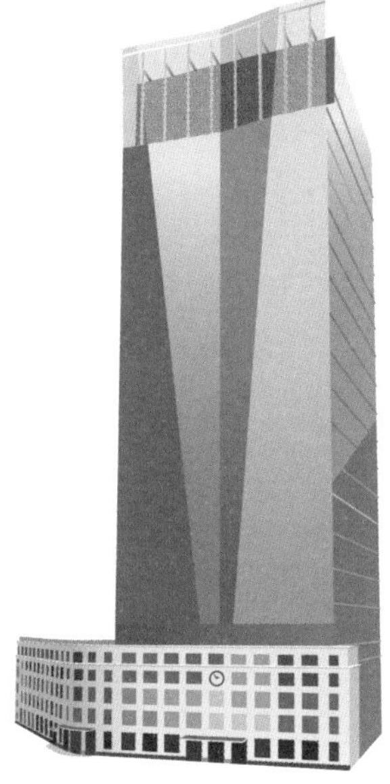

SPOT / 4

JP TOWER KITTE *006

Designer 吉田铁郎

完成时间 1933 / 2013

位于东京车站旁，原建筑本体是东京中央邮局，是钢筋混凝土构成的建筑，结构清楚显于外墙立面。其五角形的基地与 5 层楼的建筑迥别于红砖造的东京车站，而展现出新时代气息的现代风格，有所谓的国际式样 (international style)，亦是无多余装饰的建筑形式。外观像个白箱子的四方建筑，以玻璃、钢铁、混凝土等工业化的原料作为主要建材，方整的外观是方形几何的连续延伸。被日本 DOCOMOMO 选为日本 20 件最具有保存价值的现代主义建筑之一。2012 年改建时原建筑只保存了三成，并与新增建的，200 米高的 JP tower 连为一体。

SPOT / 5

日本工业俱乐部会馆 *007

Designer 横河工务所 横河民辅 松井贵太郎

完成时间 1920 / 2003

地上 5 层，以钢筋混凝土建造，建筑由横河民辅设计，外观立面则由松井贵太郎负责。整体采以少见的“分离派”（SECESSION）风格，强调简洁与有机，并以几何学样式装饰细部，呈现“优雅而坚韧”。门前廊柱为多立克柱式，上方亦有代表工业的男女雕像，分别手拿榔头（象征煤炭）与线卷（象征纺织）。因建筑老旧于 1997 年重建，新的建筑保存与重现了旧建筑的南侧部分。

东京银行协会大楼 *008

Designer 横河工务所 松井贵太郎

SPOT / 6

完成时间 1916 / 1993

面对皇居，作为当时的银行协会的集会空间，于 1916 年完成，原是以红砖和白色花岗岩打造的两层建筑，红白间形成强烈的色彩对比，建筑屋顶以淡绿色覆盖，更减轻了视觉上的重量，转角的屋顶尖塔，让外观气派又显优雅，在建好时构成了美丽的天空线，亦是“一丁伦敦”的一部分。1993 年改建时，仅保存了薄薄的南壁与西面，但后方是 18 层高的大楼，让原本的立体建筑仅剩下 L 形的平面。

消失 40 年的“三菱一号馆美术馆”

MITSUBISHI ICHIGOKAN MUSEUM, TOKYO

丸の内

邻近皇居的丸の内，一向都是日本的政治、经济与文化中心。1890 年，日本政府放开政策将丸の内一带的土地出让给民间建设，当时三菱公司便购得大量土地，并以英国伦敦为蓝图，规划以“马场先通”旁作为办公街区，并找来英国建筑师 Josiah Conder 进行设计，于 1894 年完成当时第一栋由红砖所建造的 3 层楼建筑**三菱一号馆**，作为办公之用。20 年后，到了大正时期（1912），街区上的红砖办公楼已经建至**三菱 20 号馆**，俨然成为一条绵延 100 米的金融街道，称为“一丁伦敦”，蔚为大观，可算是日本经济枢纽的东京华尔街。

到了 1914 年，英式风格、以红砖瓦建造的**东京车站**启用，建筑风格也在这之后开始发生丕变。因在 1923 年发生关东大地震之后，发现砖造建筑的耐震度不佳，渐渐地便出现越来越多以钢筋混凝土打造的美式现代风格建筑取而代之，形成了新一代的建筑样貌。其中最为人熟知的，就是 1923 年才完工就遇上关东大地震并作为临时避难所的 8 层商业设施**丸大楼**，1934 年拆掉三菱二号馆以获得更大腹地，并见证二战的**明治生命馆**，1952 年隔着行幸通与丸大楼对望的办公大楼**新丸大楼**，还有在 1933 年完工的**东京中央邮局**。这个时期矗立而起的建筑多走美式风格，在行幸通上，就有所谓“一丁纽约”的说法。

2000 年左右，由于当时丸の内区域的 30 米建筑高度限制解禁至 100 米，只是 30 米以上建筑需要内缩来减低高楼建筑所带来的压迫感，这一时期最具代表性的即为 2002 年改建完成的**丸大楼**，它在原本的建筑上增加了 36 层，商业设施与办公大楼并用，为都市更新鸣枪；接续完成改建与新建的陆续有 2004 年的**明治安田生命 丸の内 MY PLAZA**、**丸の内 OAZO**，2007 年的**新丸大楼**、**东京半岛酒店**、**有乐町 ITOCiA** 等等。

时间到了 2009 年，“全新”的**三菱一号馆**在原址由三菱地所设计“复原”完成，距离明治时期最早的一号馆完成时，已过了 120 年。

该保存还是兴建新大楼？备受争议的**三菱一号馆**历经过 1923 年的大地震，在 1968 年以老旧为由解体。终于在 2006 年，象征日本近代化的三菱一号馆启动了复原计划，虽说复原其实是依照原本的建筑蓝图、工法，其中光是红砖就用了 230 万块，新建一栋仿旧建筑，其中还有一部分的阶梯扶手使用了原石材。新建筑以**三菱一号馆美术馆**姿态现身，举办以现代美术为主的展览，一年三回，其收藏品以十九世纪末西洋美术为中心，与原建筑属同一时代。除美术馆外，还有原本是银行营业空间的挑高 8 米的“CAFÉ 1894”、售店“STORE 1894”与历史资料室 。

CAFÉ 1894
三菱一号馆美术馆的视觉由服部一成设计，以三角形打造。

三菱一号馆美术馆以举办十九世纪末的现代美术作品展览为主，并收藏画家 Henri de Toulouse-Lautrec 等的作品。内部挑高 8 米的 CAFÉ 空间，利用了之前的银行营业空间。

左栋是**三菱一号馆美术馆**，右栋是 Brick Square。中间的一号馆广场，提供了人们休憩、喘息的绿意空间。

老地方的新商场 KITTE

KITTE & JP TOWER

丸の内

空间｜2013 年由东京中央邮局改建的商场 **KITTE 商场**与后方新增建的 JP Tower 合为一体，原建筑从地下 1 楼到 6 楼发展成商场。1 楼新旧建筑交界处形成中庭三角形的室内广场，自然光从上洒下，向上仰望可见两代建筑不同的视觉语汇，塑造这个商场独一无二的空间性格。而从天悬挂而下的八角形的珠链，虚实间标记出一个个空间柱的轮廓，视觉上一直延伸到地面的八角形孔盖，抽象地保留了过去建筑柱体的记忆。

定位｜**KITTE** 坐落在所谓日本中心的“丸の内”的绝佳地点，无论是去有乐町东京国际 Forum 的商务旅客，还是来看东京车站的国内外观光客，这里都是不能错过的观光热点。也因此定位在让人进入商场就像是打开感受当今美好日本的一扇窗，特意没有在商场里安排国外品牌店铺，而都是来自日本各地的好东西、好味道，产地美食、口碑餐厅等，展现着日本的美意识，借此联结人与人、街与街、时代与时代。

命名与设计｜商场的名称“KITTE”，既表现出日文“来～！”和“切手”（邮票）的同音趣味，背后也传达着亲切感与建筑历史。当运用在视觉形象的设计上，以原研哉为首的日本设计中心的设计，应用了字母里的“I”来延续建筑外观重复铺排的视觉作为联结。至于内部各楼层的商场空间，则由日本建筑师隈研吾设计，不同主题的各楼层分别采用了来自日本各地的自然材质：和纸、织品、爱知三州瓦、北海道的木材等，展现出丰富的空间表情，尽管宽敞簇新，却保有旧时光的温度。此外，商场里的新店与新概念自是不能错过。

楼层店铺｜

1 楼——以“新的日本”为主题，包括和果子、餐厅与日本的服饰时尚品牌，其中原本在表参道知名的生活风格杂货店“SPIRAL MARKET”也首次在此开了一间分店“+S”，其美丽的陈列设计就像舞台风景一般。

2 楼——以“每日的时尚”为主题，提供大人味的女性在服装与配件上的选择，公共空间则以爱知三州瓦来装点。

3 楼——以“日本的美意识”为主题，是以时尚配饰与杂货为主的楼层。包括袜子“Tabio”、手帕“H TOKYO”、手工打造的“金子眼镜”、帽子“override”、“G-SHOCK”与“MUJI TO GO”等，在这里可以买齐具风格又有创意的日本味生活配饰。

4 楼——主题是“日本的文化传播”，强调古与新的感性结合，张网全日本的生活风格商店到此开店，有以书斋为主题概念的精品

JP TOWER KITTE

文房杂货店“ANGERS”，也有木制生活用品品牌“Hacoa”，出自目黑时尚精品旅馆里的“CLASKA Gallery & Shop ‘DO’”与来自奈良制作麻布起家的“中川政七商店”在东京的第一间分店等。

此外，更不要错过日本新开业的店“THE SHOP”，该店是以日本知名艺术总监水野学为首所开设的生活商店，还有 project manager 中川淳、商品设计铃木启太等人共同打造。店内包括了专家挑选的品味商品，也有自制的原创作品为新生活提供选择，像是从星巴克的纸杯容量产生灵感设计出的薄壁玻璃杯“The Glass”就充满巧思也切合人们的日常使用经验。

“Marunouchi Reading Style”是融合“知”、“游”、“生活”的复合式生活商店，除琳琅满目的书籍杂志、生活杂货外，还能享用轻食咖啡，为阅读与逛游其中补充体力。

“北麓草水”是松山油脂公司旗下肌肤保养新品牌，在富士山附近的北麓开设了一个研究农园，培育作为产品原料的植物，除了要令人安心，不使用化学肥料与农药，还刻意优先选用日本品种的植物，塑造相当日本的企业品牌，品项从桧木香氛、体外的清洁保养，到饮用的天然草茶等，提供完整的身体环保提案，颇有和本地的植物一起呼吸的味道。

3 楼、4 楼的空间最令人难以招架，除了有好几间不同风格的生活商店外，精品文房具、手工眼镜、时髦的帽子、可爱的袜子与适合男子的优雅手帕，还有日本当地的天然保养品、书籍杂志等等，不只是极佳的生活商品选购地点，挑选礼物也不失面子。

JP TOWER KITTE

5 楼——“わが町自慢の食”（引以为傲的产地美食），此餐厅楼层有十间餐厅，伊势和牛、神户铁板烧、北海的回转寿司还有博多“もつ锅”与北海道拉面等，仿如一层日本的厨房。

6 楼——“地方的名店”，五间让人感受到“おもてなし”（款待热诚）的高级餐厅。其中有静冈温泉旅馆“ARCANA IZU”在东京的首间餐厅，开幕时以米其林主厨 KARATO 为首而开设的法式餐厅“ARCANA TOKYO ”，它以“野菜の美食”为主题，在料理中能品尝到清爽、丰富多样又具美感的野菜。坐在挑高天井的楼顶空间里享用法国料理，透过落地窗还能看到铺设草皮的屋顶，户外庭园座位与天际线。

ARCANA TOKYO KARATO

在午间造访可享受 ARCANA 明亮的空间与格外优惠的午餐价格。

KITTE & JP TOWER

*009 | **MALL**

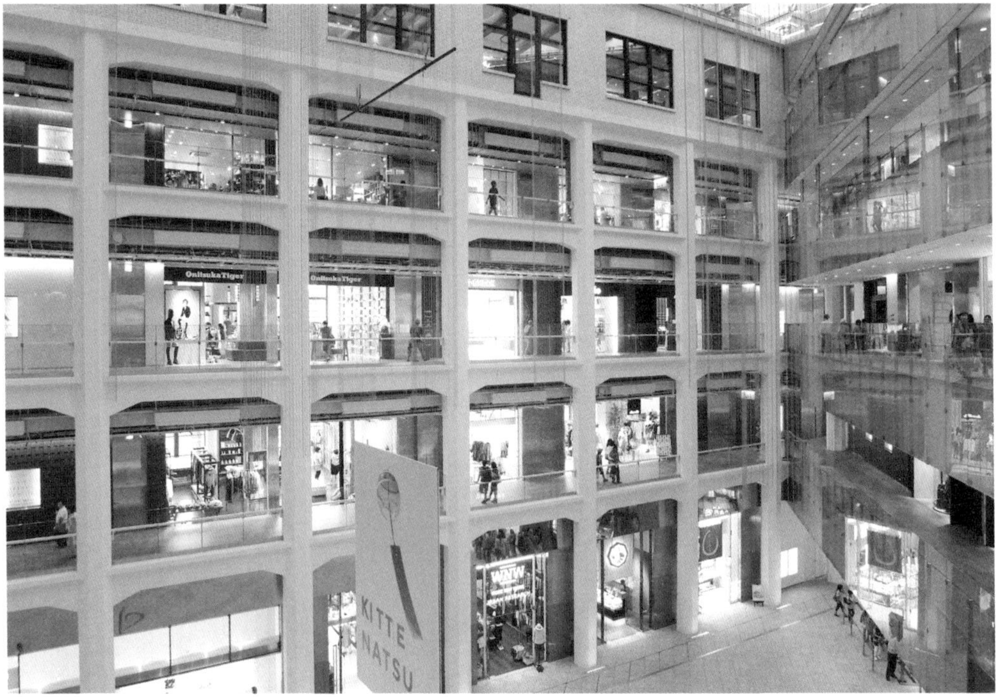

从概念、视觉、空间到建筑，面面俱到又充满巧思，
散发着日本传统到现代生活文化气息的新好商场！

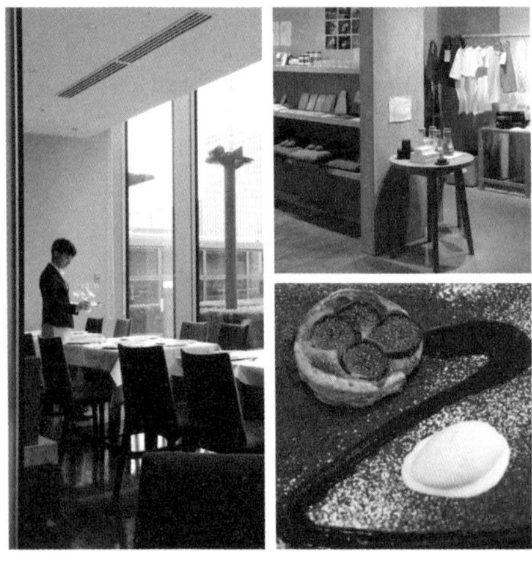

SHOP SELECTS

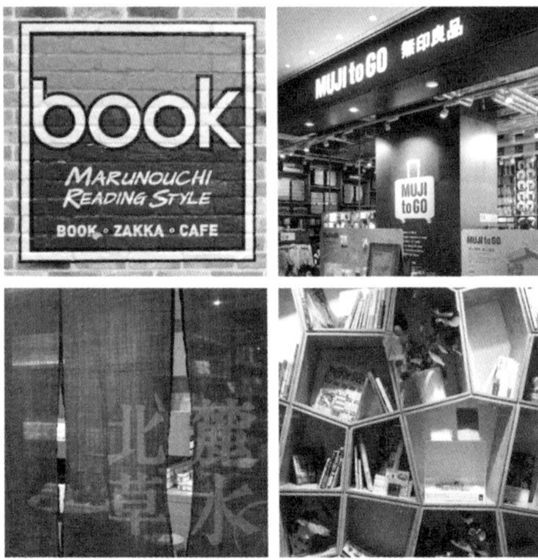

INTERMEDIATHEQUE

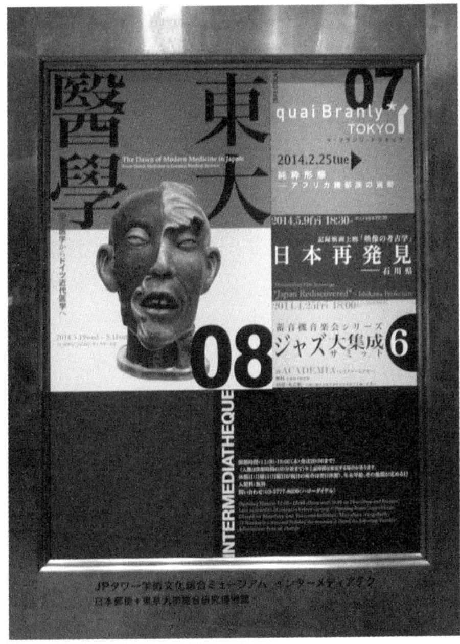

about **Intermediatheque** *010

在 KITTE 的 2 楼、3 楼，连接着商场的还有间尤其特别的主题博物馆，JP Tower Museum “IMT Intermediatheque 大学博物馆”。

这是日本邮局与东京大学综合研究博物馆合作的博物馆空间。自 1877 年起，由东京大学综合研究博物馆研究部所管理、收藏，130 多年以来，累积有 600 万件的学术标本与资料，并陆续与不同单位进行跨领域的合作展示。在这个博物馆内，有仿佛在杉本博司摄影作品中见过的螺旋状石膏数理模型、流体力学模型，还有全球最大的鳄鱼、长颈鹿、鲸鱼、鸟类等动物标本。

两层的展示空间里，刻意保留了原本中央邮局在结构上的八角水泥柱列、不刻意修饰的管线与天花板，即便有修补部分也尽可能做到最少。而馆内所展出的标本与模型等收藏，被一一安置在东京大学古董桌上与木柜里陈列，或者安置在不装设玻璃的框架内展示。在黄灯、灰墙、木制地板之间的特殊怀旧氛围里，每件有着陈年履历的学术展示品，犹如艺术精品般陈列着，被悉心呵护，散发着与时空和生命对话的况味。

和建筑师聊东京车站酒店
THE TOKYO STATION HOTEL

丸の内

林彦颖是我的一位优秀建筑师朋友，他不但对**东京车站酒店**（THE TOKYO STATION HOTEL）有很大的喜爱，并且拥有莫大的热情。2012年饭店刚修复完成开业时便首度造访，迄今所累积宿泊次数用一只手可能快要不够计算了。他喜欢老建筑、老饭店，观察细节也感受经典的设计氛围，**东京车站酒店**（THE TOKYO STATION HOTEL）里给他印象最深刻的部分，就属Lounge的“ATRIUM”。这是一处房客专用的早餐空间，面积约有400平方米，位置就在车站中央斜面屋顶的正下方，最高的天井挑高达到9米，阳光从一整块屋顶斜窗洒落进来时，令天花板的浮雕饰板、家具甚至人都充满质感，一同接受空间的洗礼。

饭店在车站站体的2楼到4楼，共有150个房间六种房型，从南栋到北栋约有300多米，走廊上挂了许多有关于车站的历史资料，而走廊的景致让彦颖想起设计师会如何想象一幅走道上的风景，甚至房门的设计是凹进走道内，即便是进房时的短暂空当也可以避免与走道上的陌生人擦身而过或目光交接。

住过多种房型，在侧栋（DOM Site）的房间是最有特色的，因为白天可以感受一天有40万人进出的车站气氛，即便在车站关门后，仍可看到圆形屋顶的装饰浮雕与空荡的车站大厅，犹如置身一座私人美术馆。在这“最东京车站”的饭店房间，想象这里过去是知名文学家松本清张、川端康成停泊的地方，别有一种情趣。

隔着双层窗户的房间，享有老饭店近4米的奢侈挑高，以及与厚重外观迥异的房内温暖色调及欧洲的经典风格，这是Richmond International优雅的室内设计。当在房间内的浴缸泡澡，水没及肩膀时，又忘了是置身在最喧嚣的车站楼上的旅馆，亲近着超过半世纪的重要文化财产。不过保护这百年的重要文化财产，更是东京车站饭店的重要任务之一。修复人员每天巡逻10间客房，从事地板、建筑物、布料、涂装、家具、皮革、木头修护等工作，一个月内要检阅所有的房间。

内部的空间，彦颖对于浴室厚实的科勒（KOHLER）龙头金具，与衣柜具有缓冲设计的柜门撑杆以及家具与地毯的相对位置观察特别入微；饭店的外观，则特别留意砖墙的工法、铜制的排水管、线板与拟花岗岩的磨石子腰带、上开的窗户结构与圆窗的装饰，以及被战火波及的红砖墙。不只是硬件的照旧复旧，饭店的服务也让人更亲近这百年建筑。这一切吸引我亲身造访了一趟！

林彦颖｜林彦颖建筑师事务所 / 十彦设计有限公司主持建筑师。曾获二二八国家纪念公园国际竞图首奖、台湾室内设计大奖TID奖、台北市都市景观大奖 都市设计铜奖、中国建筑艺术“青年设计师奖” 优秀奖等奖项。

THE TOKYO STATION HOTEL

1997年启用的**东京国际FORUM**是第一个满足文化、商业等多功能诉求的会议与艺术展演空间。基地内有两个建筑群，分别是一栋如叶子形的感性建筑与四个正方形的理性建筑，由美国建筑师Rafael Vinoly打造。建筑群间是露天的绿色公共空间。

Yurakucho

有乐町虽然夹在东京车站的丸の内区与银座之间，但有乐町的设计风景总能让人停下脚步。从东京国际 FORUM、无印良品的有乐町旗舰店、BIC CAMERA、有乐町01、HANKYU MEN'S 馆等，建筑或商店都紧紧锁住目光。

Hankyu MEN'S

前 *Wallpaper* 创办者 Tyler Brûlé 创立掌握全球事务、经济、文化与设计等议题的 *MONOCLE* 杂志，演绎了资讯平台精彩转换的一例。杂志提供多元的阅读平台，不只是纸本、报刊、网站与广播等，他们甚至在东京的阪急百货开设全球第一间 **MONOCLE CAFÉ**，似乎意味着即使你可以以多种方式阅读杂志内容，但这 café 提供了一个绝无仅有的实体杂志阅读空间；而那些在杂志上、网站上看到的合作商品，在这里更可以零距离地接触，感受购物体验的美好。而另一间东京 **MONOCLE SHOP** 实体店也在富ヶ谷营业中！

无印良品

无印良品有乐町旗舰店别家没有的是 ......

MUJIRUSHI RYOHIN ·014 | **STORE**

1980 年诞生的无印良品，1983 年在南青山开了第一间门市，而在 2001 年 11 月则是以“情报发信站”的概念在有乐町开设旗舰店。迄今无印良品在全球包括日本共 25 个国家，有近 800 间店铺，光是在中国就超过了 100 间店，并且很快地，设在日本海外的店家数量就会超过本国的，在这么多的分店中，店的机能、面向和品项也越来越齐全，营运的重心也可能转移或倾斜，除了“家”尚无法外销外，我觉得有乐町店还有其难以取代之处与每回必访的原因：“ATELIER MUJI”，一个通过展览、不断再阐述无印良品“人与生活与物”精神的地方。

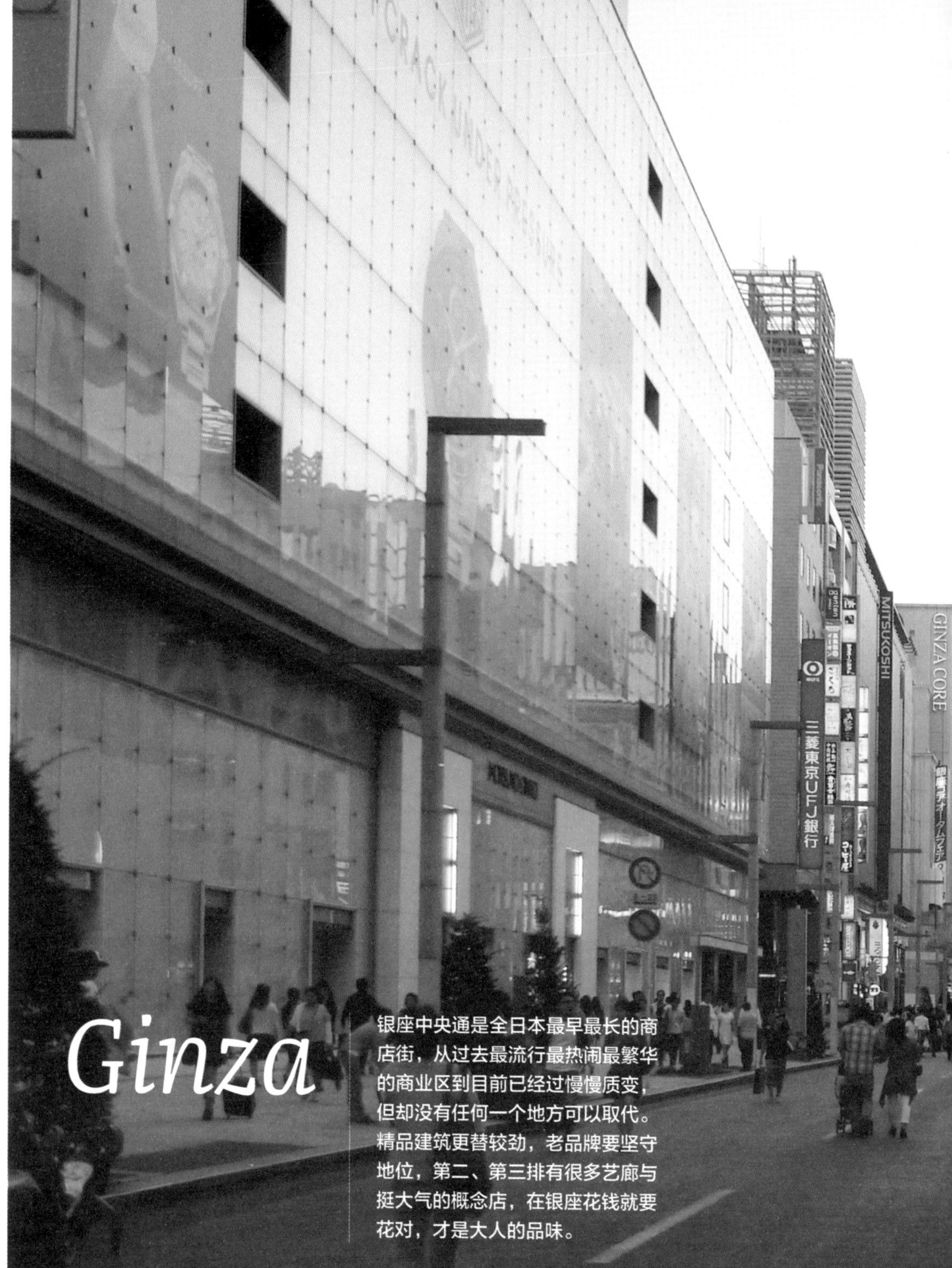

Ginza

银座中央通是全日本最早最长的商店街，从过去最流行最热闹最繁华的商业区到目前已经过慢慢质变，但却没有任何一个地方可以取代。精品建筑更替较劲，老品牌要坚守地位，第二、第三排有很多艺廊与挺大气的概念店，在银座花钱就要花对，才是大人的品味。

南風ビル
ジェーン英会話
THE LAZARE DIAMOND
リフレクソロジー&ボディーケア専門店
ブランドオフ
買取
2F
YOSHINOYA
TAMAYA
マツサワビル
日本香堂ビル
すき焼・しゃぶしゃぶ・かに
MOON PHASE
CHAUMET
CHAUMET
山野楽器
教文館
教文館ビル
本
山野楽器
MIKIMOTO
ヨシノヤ

银座建筑风景

ARCHITECTURE in GINZA

银 座

LANVIN *015

2004-2013

造船工法光雕精品店

designer 中村拓志

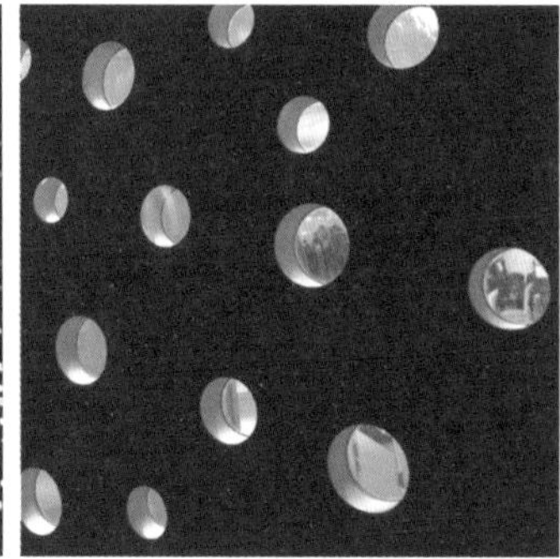

首批进驻银座的**朗万**（LANVIN）建筑令人印象深刻的莫过于它黑色壁面上无数的透明小孔，白天光线从外照进店内的地板，夜晚灯光从内部渗透出来。其墙面的施作方式还是首度被使用的造船工法。

这独特的制作法是先将铁壁墙面挖出许多圆孔，再将与壁面相同厚度大小的亚克力圆柱埋入洞内。将零下40度收缩状态的压克力埋入铁板墙中，在常温下膨胀后便与铁板墙壁紧紧密合，不使用任何框架与黏着剂，是新创立的施作法。

MIKIMOTO GINZA2 *016

2005

珍珠墙面背后的三明治

designer 伊东礼雄

银座二丁目的这栋大楼外墙的粉嫩珍珠色泽的墙面，是由一片片钢板焊接而成，墙的内外两壁的钢板间，就像冰淇淋饼干一样，让混凝土有如冰淇淋般被灌进两片钢板之间。墙面上每个宝石般不规则的窗户开口处，内外两片钢板焊接后的准确对应及钢板焊接受热后的平整度，都大大增加了施工的难度。

大楼在白昼辉映着珍珠白光，晚上从室内透过无框窗发出华丽紫光、蓝光，粗犷的制程后，散发细腻与动人的魅力。

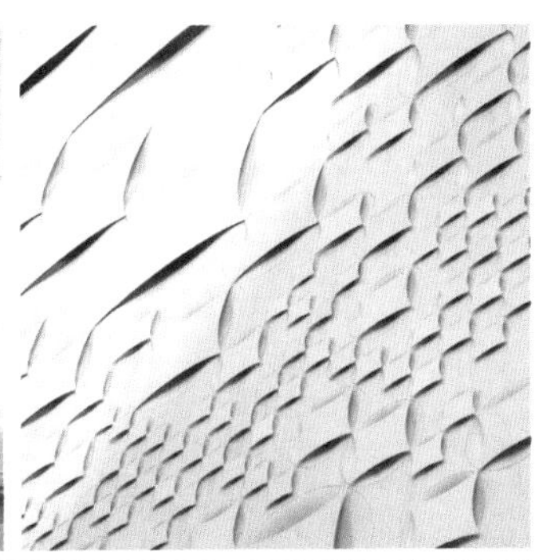

LOUIS VUITTON *017
2004 / 2014

如手工艺般的惊艳建筑

designer 青木淳

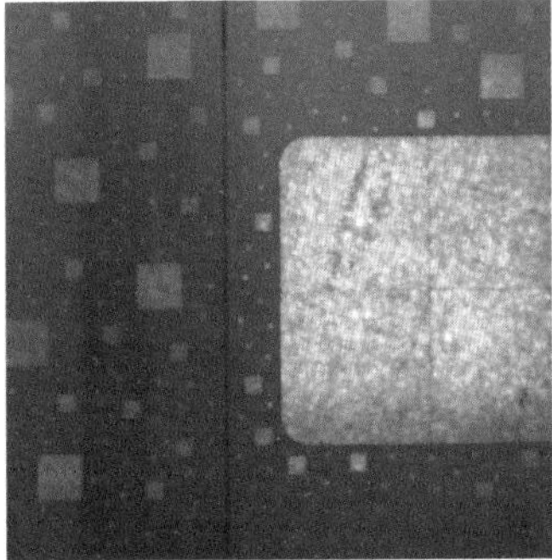

在银座有两栋**路易·威登**（LOUIS VUITTON）建筑，日夜都令人惊艳。一是2004年在并木通上的灰色建筑，建筑师青木淳将1.5厘米看似灰石的玻璃合成纤维嵌入墙面的花岗岩壁中，到了晚上点灯后，灯光从内向外透出，还刻意明暗不均地带有石材纹路，与白天低调朴实的灰墙大异其趣。

另一则是2014年的银座松屋店，这次用“江户小纹”的花纹概念，或大或小的浮雕花纹铺陈墙面，细腻如手工般的美丽立面，到了晚上会从缝中透出温黄灯光。

MAISON HERMÉS *018
2001/2006

旗舰精品建筑的队长

designer RENZO PIANO

设计关西机场的意籍建筑师为爱马仕设计的银座大楼，11层的大楼外壁以1万多块意大利进口玻璃砖集结而成，透过玻璃昼夜展现不同风貌。前栋屋顶有座驾马的骑士，2006年在原建筑后方增建，且多了café空间，达成最初设定的完美比例。前后栋间悬着艺术家新宫晋的日本风雕塑作品，缓解了紧绷密布的视觉外观。

8楼的“LE FORUM”是当代艺术展演空间，挑高的空间内在白天有充足的自然光，无论展览和空间都值得造访。

银座建筑风景

ARCHITECTURE in GINZA

银 座

ARMANI / Ginza Tower *019 食衣住的意式全体验

2008

designer Massimiliano Fuksas
Doriana (M fuksas ARCH)
Giorgio Armani

楼高 56 米，地上、地下共 14 个楼层，外墙使用许多似米粒的竹叶造型，这点点叶片从高处串联而下，随着白昼、夜晚与季节变化灯光色彩，为东京的意式建筑增添东风。店内风格简单沉静，采用大量黑色系与亮面材质，凸显高贵奢华又隐秘低调的氛围。

除办公空间外，本栋楼层以品牌服饰为主，也有“Armani/Dolci”糖果、“Armani/Ristorante”餐厅与SPA空间，4 楼还有“Armani/Casa”家具。

SWAROVSKI *020 数大之美的水晶森林

2008

designer 吉冈德仁

负责银座世界旗舰店的设计师吉冈德仁以 3 吨的水晶，铺陈着地板、台阶，并以15,000支的镜面不锈钢，浮雕般在商店立面上铺排映照出光的律动。

在两层楼的空间里，1 楼上阶处有盏4米的吊灯，如水晶瀑布般流泻而下；踏上2 楼迎面便是28,000 颗波浪状悬浮的水晶“流星”艺术装置。而全店壁面以人工大理石精准的棱角切割，还有全白的间接照明，每个设计一一刻画出这座水晶森林，为现代奢华赋予新意。

Nicolas G. Hayek Center *021 通透街道的都市花园

2007

designer 坂 茂

中央通上高达14层的绿洲建筑，是Swatch钟表的集团大楼，取代传统双扉大门的是4层楼的挑高空间。通透前后两条街的1楼中庭有着七座透明电梯，每座或方或圆都是独立的钟表展示空间，按下关门键，电梯将引人进入不同品牌与风格的钟表世界。顶楼还有特殊屋顶结构的“CITÉ DU TEMPS GINZA”展演空间。营业时间结束，降下的玻璃卷门仍保有视觉穿透感，让人依然能感受中庭那面绿意盎然的墙面带来的自然与光亮。

De Beers *022 感性又理性的钻石建筑

2008

designer 光井纯

位于マロニエ(MARONNIER)通的这栋楼有着高11层的不锈钢外观和扭曲得厉害的金属曲线，很难不令人停下脚步。建筑概念从打开礼物的缎带出发，由曾接生过青山Cartier、日本桥三井TOWER与大阪国际美术馆，并长期与Pelli Clarke合作的光井纯设计，这样的金属质地和钻石的关系为何？或许重视表面、折射着光泽、炫目耀人都是与钻石的共通点。不过到了建筑侧面，立面又是格外的工整与理性。

银座建筑风景
ARCHITECTURE in GINZA

银 座

DEAR GINZA *023
2013

光的反射与穿透之间

designer Amano Design Office

原来的设计看起来是现代又带着浪漫的起伏褶皱感的建筑外观，十分引人好奇遐想；实地看则是夹在两栋旧大楼与显眼的招牌间抢戏，加上街道的宽度有限，因此缺乏一个适当观看的距离与位置，而失去不少观众，有些可惜。

这栋高达 9 层的商业空间里，除 1 楼店铺外，其他都包覆在以电脑计算、铝板切割的花纹之内，包括美容诊所与办公室等，到了夜晚，透过内部 LED 灯的照明设计，如美丽蚊帐，从外看去是另一番风貌。

YAMAHA GINZA *024
2010

看见金色音符的声音

designer 日建设计

地上 13 层楼高的建筑，不只作为音乐器材销售的旗舰店，还包括了音乐教室、演奏厅与录音室等，成为一个以“声音、音乐”为交流主题的基地。

设计上融合传统与现代，尤在建筑立面上，以一片片不同穿透性的菱形玻璃拼接，将隐喻管乐器的金色金箔夹于两层玻璃之间，多种不同透度的玻璃非规律性的组合，从对街来看，可以感受到犹如音乐跃动——转化为视觉元素，到下方入口旁则是黑色镜面材质的铺排。

UNIQLO *025
2005 / 2012

平价 + 设计，一直流行

designer 片山正通

看中央通上的平价服饰品牌经年地扩张，从 2005 年**优衣库**（UNIQLO）进驻银座开始，到 H&M、ZARA 等皆一一占有一席之地，就知道这股风潮从未停歇。U 牌的店更是一拓再拓，2012 年树立全球旗舰店，佐藤可士和与片山正通再度携手打造全球最大旗舰店，共有 12 层楼面，每层楼对外的立面都是一个最大的展示窗，室内还有 LED 墙以及不断动态展示的装置设计，超明亮的空间里，结合时尚与科技，令人感受到流动与速度感。

TIFFANY & Co. *026
2008

292 道璀璨的光芒

designer 隈 研 吾

中央通上另一栋钻石旗舰建筑。这栋 9 层楼的建筑立面上，建筑师在视觉呈现上采用让品牌钻石绽放光芒最重要的切工技术与钻石切面为概念，将立面上共 292 块在平面上整齐排列的玻璃面板，或左或右、或上或下、或内或外以不同角度倾斜，将白日的光线透过这一块块的玻璃面板，折射出璀璨光芒。

内部的空间更是在光线透过镜面、石材、蜂窝状铝板等不同的材质后，散发出异质的光感，形成一个光的竞演空间。

比当代美术馆更前卫的时尚商场
DOVER STREET MARKET GINZA

银 座

这间与银座“KOMATSU 东馆”的**优衣库银座**（UNIQLO GINZA）全球旗舰店有天桥连接，由川久保玲（Rei KAWAKUBO）在 2012 年所开设的 **Dover Street Market GINZA COMME des GARÇONS** 百货商场，除自身的 COMME des GARÇONS 系列之外，还有许多川久保玲钦点进驻的顶级精品品牌：LV、Alexander McQueen、10 Corso como、CELINE、A Bathing APE、visvim 等高单价商品，都进驻在这栋 7 层的商业大楼里。

Dover Street Market 2004 年诞生于伦敦的 Dover Street 上，引起热烈讨论，并在 2010 年开设北京店。日本的 Dover Street Market 曾在东京青山小试身手，但直到 2012 年 3 月才在银座开了这时尚商场。之所以选在银座中央通的后一排（银座 KOMATSU 西馆），一方面刚好有地点上的机缘，另一方面也希望可以将这原本并非以时尚趋势为主的商业区域，开辟出一番新景象。

“美的混沌”是这个商场空间的主题，主要是打破品牌与空间的界线，不以性别、年龄来区隔分类，甚至不见高挂的品牌 LOGO，而全是以风格与设计的特色来让人感受到其中的差异。

对川久保玲来说，这个如今像是当代美术馆的卖场空间，当时因为进驻的时间较晚，格局大致确定，在法规上、走道宽度上、动线上多有限制，因此最大的困难在于不受困于诸多局限，能表现出伦敦店百分之百的味道。其中最困难的便是无法移动的手扶梯设计，为解决此一问题，找来了艺术家名和晃平来打造楼面中间手扶梯两边的艺术装置“White Pulse”，白色的特殊造型是利用离心力的制作法，就像是人的脉搏情绪般的波动与律动。

无论是手扶梯或是电梯的按钮，每个环节都打破一般商场的空间设计逻辑，加上多位艺术家与设计师的参与，在没有特殊创作命题限制的情况下，让每个品牌都使出浑身解数与不同创作者合作，让艺术在这里不是空间的装饰品，而是形塑卖场性格重要的一部分，使其像是装满艺术品并不规则陈列的室内空间，前卫又有强烈的实验风格，让商品像艺术品般没有逻辑地陈列着，对每个装置、道具，都做了量身打造的设计。

7 楼有间来自巴黎，由 Rose Carrarini 创立的烘焙名店“Rose Bakery”，每每满座，还提供不少可外带的商品。再走到顶楼，有一个户外屋顶空间，草坪、庭园与一个小小的三轮神社，传统与前卫，在这里形成强烈对比。于是感受着无比的新鲜，甚至是无比的冲击，如果脉搏会兴奋地嘣嘣跳也完全可以理解。

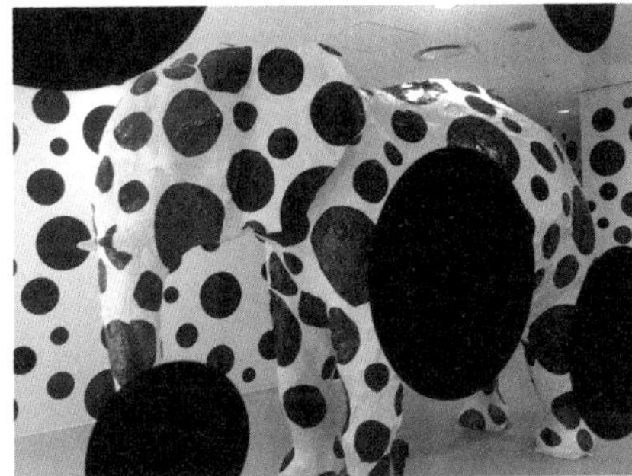

1楼有个常驻的大象间“Elephant space”，有一头1:1比例的大象show room，不时有新的创作在此展出。电梯旁还有一只比人还大的蜜蜂模型，Michael Howells的创作，不时出现在卖场各处。

约在米店吃日本的味道

AKOMEYA TOKYO

银 座

银座的好餐厅既精彩又高级，不然就是历史老店，有时在贵气逼人的华丽银座常常想不到该吃什么好。来到 **AKOMEYA TOKYO** 用餐，顿时感觉得到了救赎，单纯的食材与好味道，立马就让人身心满足。

AKOMEYA TOKYO 是一间以“米”作为主题的店。日本人以米为主食，但是可否将米的饮食文化在不搞怪的前提下，发挥得精致并加以延伸？这间店总是吸引源源不绝的客人就是答案。店里一进门共有选自日本全国各地的 18 种米，在开架的木盒里可以用木枡来斗量购买，也因此被美丽有序地展示，是店内一大特色。而和米相关的日本各地食材都聚集在这里：调味料、面、茶叶、干货、渍物、酱汁还有各式日本酒等等，琳琅满目地陈列在柜架上，多是限量且新鲜的食材，该如何挑选又成为一大难题。

从货架上可以看到很多常规的袋子包装，是来自各都府道县，这意味着其产量没有多到可以大量印制标签，而只能使用自制的贴纸来做标签，即便如此，贴纸的设计做得简单朴实，有本土味，毫无违和感，也因为没有精心设计的高级包装，这些商品食材显得更为本土与亲切。

来日本银座不见得会买米扛回家，但可以把米当礼物带回去送朋友，或是带些瓶瓶罐罐的佐味酱汁也是很日本的选择。再上一层楼，2 楼有与米相关的食器、餐桌道具、土锅、窑碗、手染的拭手巾，以及筷子、汤匙锅杓、杯具器皿、食谱等等，更是充满料理灵感的食（实）用选择。

这里除了食材商品外，还有日本酒 BAR 可以立饮，也有可以外带的稻荷寿司与萩饼。但其实最值得一试的是里面附设的小餐厅，面积不大、座位不多，有点隐秘，但总是挤满了人。这里可谓是集大成的试吃餐厅，因为餐厅所提供的所有餐点材料、茶水甚至餐桌道具等，都可以在店内购买。

来到以“米”为主的餐厅，还有谁比他们更会煮饭呢？刚端上桌的丼饭一定有最好的口感与味道，因此请毫不犹豫地点选丼饭，也可以来些以特制米做成的甜点如萩饼、柏饼，或是稻荷寿司作为小点。品尝时，还能感受到季节的滋味。

用完餐后，想要延续这样的味道与感受，不知不觉就会顺手带一些食材佐料回家了，这是一种特别令人感到幸福的购物方式。传统与本土的生活文化在这里被翻新并且以贴近都会生活的手法在银座与人们接触，只不过买了这些非常日本的食材后，提着大包小包，就只能放弃在银座优雅又时尚地逛街了！

AKOMEYA
TOKYO

高级铁板烧的入门体验

OKAHAN

银 座

银座**冈半本店**（OKAHAN）是东京知名的高级料理亭金田中旗下专卖松阪牛的老店，名字的由来源于日本小说家吉川英治的一句话："冈副の业、まだ半ばなり。"意即勉励伊势出生的金田中创始人冈副铁雄不可自满、继续努力，所以取其"冈半"迄今。

冈半本店在银座一栋有历史感的旧大楼里占两层，分别是寿喜烧与铁板烧，而说到铁板烧又算是和洋混血的料理，这里就是贩售高级铁板烧的地方。不过，晚上动辄一两万日币的铁板烧，在午间套餐只需要约十分之一的价格就可享用，虽然料理有所不同，但对于要初试高级料理的人来说，算是很不错的初体验！

从内到外都要美丽的生活美学

POLA MUSEUM ANNEX / HIGASHIYA GINZA

银 座

POLA MUSEUM ANNEX / HIGASHIYA GINZA

箱根有个森林中绝美的美术馆 **POLA MUSEUM OF ART**。在东京的 POLA 银座大楼则是一个囊括美容、美术和美食的空间，掌管"美术"的部分是 3 楼的 **POLA MUSEUM ANNEX**，这里以主题性强且精致的企划展为轴心，涵括当代的设计、艺术与建筑等领域，更不乏以年轻创作者为主的展览，让人在银座跟美的距离更加贴近。2 楼的 **HIGASHIYA GINZA** 则是和果子专卖店，空间主题是"Tea Salon"，从和果子的传统文化出发，通过精致的食物与空间让人感受到自然的恩惠与四季变化的美好，将传统日本美学再晋级。

银座建筑风景
WALKING in GINZA

银 座

FREITAG STORE TOKYO *031
2011

包包空间全再利用

一丁目

2011 年 FREITAG 的亚洲第一间直营店于银座一丁目设店，里头有 1200 个不同款式的包。这个来自瑞士的包包品牌从邮差包开始，全部都是用回收的广告帆布、脚踏车内胎与安全带所制成的坚固耐用的环保袋，历经 15 年渐渐被日本人所接受。店铺的空间也是以“再利用”为概念，设在旧艺廊林立的银座一丁目旧大楼，并由 TORAFU 建筑设计事务所重新设计，内部是不多加修饰的工业风，完全是品牌哲学的再现。

GEKKOSO *032
1917

开始享受创作的乐趣

花椿通り

号角标志的**月光庄画材店**（GEKKOSO）在大正六年创立，位于银座一隅略为狭小却温馨十足的地下室，以贩售西洋画材为主。地下 1 楼的三面墙空间，放满了自家制的画具：油画颜料、画袋、调色盘及少见的 8B 铅笔等，对于想找画具的人来说，专业且齐全，绝对不会失望。这里的六色不同尺寸的素描笔记本，可以因应不同需求目的选用全白、格点与明信片款，非常好用。来到这里总会因经营画材如此专一与执着受到感动。

ITOYA *033
1904

大人の与大家的文具店

中央通

初创于1904年以红色回纹针为标志的文具专卖店 **Ginza Itoya 伊东屋**于2015年重新开幕！从B1～12楼，一层一主题，让店内空间焕然一新！新店以“働く”（工作、劳动）为概念，涵盖家事、生活与旅行等，区别于过去只是间大文具店的风貌，1楼与11楼分别增设了饮料吧“Drink Bar”与餐厅“Café Stylo”，7楼是一整层的**竹尾见本帖 at Itoya**，有上千种纸张与色彩丰富的纸样和信封等，文具迷到此绝对要小心难以自拔！

DESIGN GALLERY *034
1953

最早的设计商店与艺廊

中央通

若想要选些日本眼光的礼物，就非来东京最具代表性的 **Design Collection** 不可！这间日本最早的 select shop 自1955年开张，通过日本设计委员会去挑选适合日本生活的设计商品，2011年店内由深泽直人、佐藤卓、面出薰各司其职，重新设计改装，带领设计商店进入新阶段。隔壁还有个日本最早的 **Design Gallery**，委员会成立于1953年，1964年开始每年有多个不同领域却同样精彩的企划展，迄今已有700多回，必访！

银座建筑风景

WALKING in GINZA

银 座

LEICA GINZA *035

2006

沉淀心中与眼中的尘埃

六 丁 目

徕卡银座店（LEICA GINZA）是顶级的德国相机品牌 LEICA 在全世界的第一间直营店，里头除了必须的全系列商品展示、维修、客制化服务外，其空间更是充分展现来自德国的简洁洗练，又能使人在繁忙热闹的银座沉淀心情。在 2 楼还有 **LEICA GALLERY 东京**，将 LEICA 超高规格的相机工艺与摄影品质做最高水准的发挥，从空间到家具到相框的展示，除了每个细节都经得起吹毛求疵地细细品味，也传递着品牌的生活风格。

RICOH IMAGING SQUARE & A. W. P. *036

在银座半空捕捉光影

五 丁 目

银座重要地标建筑三爱 Dream Center，昔日称为 RING CUBE 的圆柱形建筑外观早已是许多人心中的银座印象。在大楼的 8 楼、9 楼各有写真空间分别是 **A.W. P Gallery** 与 **RICOH IMAGING SQUARE**。9 楼有 RICOH 的历史相机区、年轻创作者的作品展示，以及 RICOH 与 PENTAX 两个品牌的相机与介绍。8 楼则是 2013 年才开业以专业写真展览为主的艺廊，可在有许多舒适沙发的大人的空间里，欣赏万中选一的精彩摄影杰作与写真集。

ggg *037
1986

平面设计师的展示殿堂

中央通

由“大日本印刷”创立与营运的银座平面设计艺廊（ginza graphic gallery），是以日本平面设计为范畴，每年展出12回的企划展，其中有回顾展、呼应当时社会局势氛围的展览、每年4月份的TDC展与日本平面设计师个展等。能在此展出对于设计师来说是莫大肯定，并会出版作品特辑，迄今已有超过100位日本知名设计师展出，展览次数也超过300回，大家所熟知的日本设计师无漏网之鱼，新锐设计师也能在此发现！

OKUNO BIRU *038
1932

回到青山同润会的时代

一丁目

艺廊林立的银座里绝对不能错过奥野ビル（OKUNO BIRU），80年的老建筑兴建于昭和时代，和表参道的青山同润公寓都属建筑师川元良一所设计，过去是许多文青名人居住的时髦大楼；圆窗、咖啡色的瓷砖与放养许多植物生长的阳台，都散发着岁月的味道。现今里头则是艺廊、古董店与设计、艺术相关的办公室，乘坐在黄灯下充满怀旧气息的手拉门电梯，探访一个个未知的艺文小空间之际，又仿佛是坠入时光隧道里的银座特有体验。

集结传统与现代的生活文化提案

CORE DO MUROMACHI 3

日本桥

若中午来到这里，不妨尝试看看由 **CLASKA Gallery & Shop "Do"** 新推出的“Do TABELKA”，这间轻食餐厅的午间千元套餐，感受精致简单的和风生活。

继 **COREDO 日本桥**后，**COREDO 室町**系列商场到 2014 年春天已发展到第三栋，**COREDO 室町 1&2** 是以装潢亮丽、讲究的餐厅为主，让附近下班的人们可以借着聚会小酌放松压力，尤其晚间造访时市声鼎沸，十分热闹。

COREDO 室町 3（COREDO MUROMACHI 3）则一别过往，像是个文创百货区域，散发着“非常日式生活”的氛围，是一个涵盖饮食与生活的复合商场。配合该区日本桥再生计划，将许多日本桥的老铺带入馆内，亦新增加年轻富创意的新店，全馆全部搜集日本品牌，空间的设计则由乃村工艺社的 A.N.D. 负责，风格上结合传统与现代，精致亦有新意，用足木头与石材，配合照明营造出结合温暖与敦厚的质感。

COREDO 室町 3 位于“新日本桥站”与“三越前”，连接地铁空间的 B1 设有专卖制作和果子、糕点、面包的各种食材与器具的**富泽商店**，以及巴黎最受注目的年轻面包师傅 Gontran Cherrier 开设的同名面包店等人气名店。

1 楼有 1893 年靠酱油起家的**茅乃舍**，高挂多个酿造酱油的木筒的店内空间是由隈研吾设计。此外还有来自京都的 1803 年创立的和果子老铺**鹤屋吉信**，其中柚饼和用观世水图案表现的“京观世”都是招牌名点，且可 eat-in 店内享用！

2 楼**山田平安堂**的漆器，属于提供给日本宫内厅作为礼品的高级商品，十足日本文化精品级的伴手礼。另外还有**大日本市 by 中村政七**、**everyday by collex**、**日本筷子品牌店箸长**、用来自岛根县世界遗产石见银山的植物制成染织品的**群言堂**与新潟职人喜爱的钛餐具品牌店 **SUS GALLERY**。

3 楼有生活家具杂货 **IDEE SHOP**、日本知名袜子 **Tabio**、Made in Japan 的皮革包包 **efffy**、厨房用具 **SIMPLY** 与超强吸水的日本今治毛巾**伊织**等。走上隐秘的 4 楼，是一整层的**无印良品**。

COREDO MUROMACHI

第三波精品咖啡东京登陆

BLUE BOTTLE COFFEE

清澄白河

美国第三波咖啡热潮里的三大家之一**蓝瓶咖啡馆**（Blue Bottle Coffee）2015年在东京清澄白河初登陆！所谓“第三波”就在于与第一波的“即溶咖啡”、第二波像星巴克的“重焙咖啡”不同，第三波几间代表性的咖啡馆着重在源自北欧浅焙的“浅中焙”咖啡，着重在口感的层次和多元，让咖啡入口后如花式溜冰般旋转出千姿百态的美味。

Blue Bottle Coffee 来自美国加州旧金山，2002年于奥克兰创立，起初在车库里烘焙咖啡豆，并在农夫市集开始贩售，着重通过烘焙引导出豆子的原味。随着第三波热潮，现在美国西岸已经有十多家分店，它也正是受日本吃茶店文化所注重的氛围与服务影响，发展出来的咖啡品味店，因此，“回到”日本开店更具一番意义。

当这股强调细腻口感、品种、滤泡式冲法、口味返璞归真等充斥细节讲究的“精品咖啡”（Specialty Coffee）趋势进入日本，首先的落点选在清澄白河，是因为这里的商业区与住宅区并存，亦有越来越多拥有烘焙机的 café 咖啡小店，散发着美国西岸奥克兰般的气息。而这间店选在原是工厂的挑高空间里，规划配置上以烘焙器具为中心，有咖啡吧、厨房以及一间咖啡品尝室（cupping），店内座位不多，但有着工厂与仓库不受拘束的自然氛围，营造出如同置身美国般品味咖啡的悠闲场域，等待观看一杯杯手冲咖啡亦是趣味。

除店内饮用外，店家还供应在 48 小时内烘焙好的新鲜咖啡豆与咖啡周边商品。Blue Bottle 在整体视觉设计上以白色、牛皮色与蓝色为主，单纯却鲜明吸睛，还有人把**蓝瓶咖啡馆**比喻为咖啡界的 Apple，主要是着眼于细节，及洗练的风格，在美国受到许多科技企业家的青睐，更有大笔投资涌入。

东京的第二家店是在青山的 2 楼空间，较像是咖啡馆的展示店，店内没有烘焙机，200 平方米的空间有三块不同的座位区，倚窗的高脚座位，沙发席次，还有半露天的绿意盎然的阳台空间，简洁明亮，具有现代风尚感。尤其看到穿着丹宁的男女店员，带着笑意认真冲泡咖啡，就令人不禁期待这杯值得品味的美味咖啡。

BLUE BOTTLE COFFEE

清澄白河的艺术散步

MUSEUM OF CONTEMPORARY ART TOKYO

清澄白河

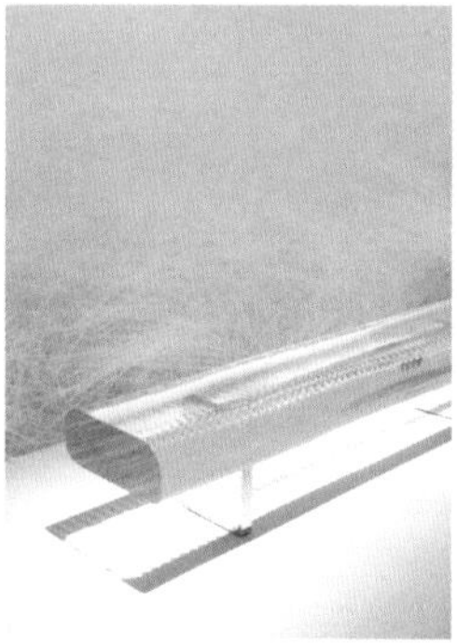

从车站走到这里约10分钟的脚程，但心情会随沿路的行道树而沉淀下来。**东京都现代美术馆**成立于1995年，是东京最具有代表性的当代美术馆，建筑由柳泽孝彦设计，冲孔的墙面、大面的玻璃镜面与不锈钢、水面的素材的使用，使人走进入口长廊，就能感受到美术馆浓厚的当代气息。企划展的范围涵盖雕刻、绘画、时尚、装置到写真设计与建筑等，每每举办充满话题与高瞩目度的展览吸引参观人潮。馆藏有4千多件，馆内还有藏书量约10万册的图书室，并附设餐厅、美术馆商店，还常有针对儿童所举办的美术教育活动。

SMOKEBOOKS *042 艺术、设计、旧书店

清澄白河

从车站走往东京都现代美术馆的路上，会经过一间看不到店名招牌的书店，这正是专卖艺术、设计相关的二手书的**smokebooks**。店内的书架上以过去许多美术馆的展览图录为主，可以找到像杉本博司、草间弥生等人经典展览的绝版图录，除日文书外也有外文书籍，范围涵盖平面设计、工业设计、建筑、时尚等。书店有两个特设橱窗，会配合最近美术馆展览来陈列相关的书籍、海报等店家收藏，还有艺术主题的过期杂志。

TOMIO KOYAMA GALLERY *043 看世界的顶楼艺廊

清澄白河

清澄白河仓库群中的丸八仓库大楼，入口处很低调、极不显眼，却聚集了近十间不同艺术取向的艺廊。日本知名艺术经纪人小山登美夫所经营的**小山登美夫艺廊**位于 6 楼、7 楼，占地面积宽广加上位于顶楼，屋顶挑高，使这里多了些细细品味艺术作品的空间余裕。

画廊由物流仓库改成，既大且慢的货梯令人印象深刻。但最值得造访之处在于艺廊与海内外 50 位以上知名的艺术家合作，包括村上隆、奈良美智等。

神田万世桥的华丽转身

MAACH ECUTE KANDA MANSEIBASHI

秋叶原

东京神田区秋叶原的电器街是国际知名的，然而2003年，秋叶原车站附近的新景点**mAAch ecute 神田万世桥**（MAACH ECUTE KANDA MANSEIBASHI）是将桥墩下的空间创意再生，展现出新的华丽风景而引起话题。

“万世桥站”位于JR神田站和御茶ノ水站之间，1912年建成，是一红砖瓦建筑，关于“万世桥站”命运多舛的戏剧性身世如下：

◉ 1912年——由于位居电车中央线的终点站与转运站而热闹非凡。

◉ 1919年——因东京站的开通使得万世桥站立马变成中央线的中间一站，重要性大为削减，光环消失。

◉ 1923年——遇上东京大地震，重建起二代车站。

Akihabara

从秋叶原出站，在神田川旁有 mAAch ecute 神田万世桥，往御徒町站的方向，还有座桥墩下的职人天地 2k540，不用 5 分钟时间还可走到 Arts 千代田 3331，由中学改造的艺文空间。

LIBRARY / FUKUMORI

◉ 1936 年——获得铁道博物馆的新用途。

◉ 1941 年——因太平洋战争爆发而废站，站体生命画上休止符，往后空间就以铁道博物馆专用。

◉ 2006 年——铁道博物馆搬迁到琦玉县大宫，万世桥站再度走入历史。

2013 年起，由 JR 经营的 ecute 商场进驻到这个具有百年历史的桥墩之下，并且进行了大刀阔斧地整建，在室内空间形塑了许多清水模小拱门，进入其间有如穿梭于现代洞穴一般，洗手间内部空间设计更是有趣。

这个商场里共有 12 间店铺，包括以万世桥为主题的书店“LIBRARY”，一旁还摆放了大正时期万世桥车站附近配置的缩小模型相当吸睛；也有以日本山形县的食材为主题的“フクモリ”café 与定食餐厅，因为神田本来就位于东京之东，所以这里特意贩售以“东”为关键字的相关商品，譬如日本东北与东东京的杂货与食物，以上两间是这里的旗舰店；另外，还有来自长野家族事业第三代的“haluta”家饰杂货，他们有来自丹麦的产品、北欧家具与“HAY”家饰，还附设甜点店、餐厅。

另一间厉害的咖啡专卖店是来自三轩茶屋，拥有自己咖啡豆烘焙实验室的“OBSCURA”在本店之外的第一家分店，另外还有拉面、中华料理、甜点、啤酒专卖、创意日式海鲜料理等商店

进驻其中，空间原本的特色与灯光气氛相辉映，形成车站桥墩下独有的空间特色。

走到“1912 台阶”楼上，有间供应轻食与美酒的“N3331”，这是名为 command N 的非营利艺术团体所经营的咖啡店，command N 从 1998 年开始，通过与不同艺术家、地区的合作，增进了文化艺术的交流。

这间店的最特别之处在于它位于两条电车运行铁轨之间的一间长盒子般的玻璃屋，因此当左右两边电车经过时，处在中间的食客就可以感受边用餐、边观望电车呼啸而过的特殊体验，享用着的是动态流动、日夜不息的用餐风景。

桥墩下，工匠职人一条街
2K540 AKI-OKA ARTISAN

秋叶原

从秋叶原车站往御徒町站的方向，走约莫 6 分钟的时间，即可到达路桥下的 **2K540 AKI-OKA ARTISAN** 。

这也是 JR 东日本于 2011 年所规划的一个新区域，位于秋叶原车站（AKI-HABARA）到御徒町站（OKA-CHIMACHI）之间的高架桥墩下，利用这桥下的空间，打造了一个舒适、明亮又富有概念的创意空间。

负责开发这个计划的 JR 东日本，特别让这个桥墩空间一扫过去对于桥下阴暗、潮湿的空间印象，使其变成干净而宽敞的商场，是一个能容纳 50 多间店铺，汇集有工作室（工房）、咖啡店、艺廊、手工艺品、陶器、家具店等的复合商场，而这些商店并非从天而降来成就这个像是文创园区的地方，而是源于御徒町一带原本就是许多珠宝、皮革制品商店的集散地，亦可以称为职人街，于是 **2K540** 便以“造物”（作り物）为主题，汇集这些具有手作创意的工匠职人与他们的特色商店、工作坊，形塑一种新的开发提案。

命名为“2K540”这数字，其意味是铁路用语上，距东京车站的里程数，“AKI-OKA”代表两个车站，至于“ARTISAN”则是职人工匠之意。

在这 50 多间店铺当中，我对于一间名为**日本百货店**的杂货铺印象深刻，它集结日本各地的好东西与散发和风的美丽事物，以传统技术与采用的素材为取向，并以日本年轻创作者为合作对象，世界瞩目的日本逸品，生活杂货与饮食文化都囊括其中。

近50间店铺、工房、艺廊、咖啡厅，都是有着本地特色的，继承江户时代传统工艺的工匠职人，将桥墩下的闲置空间，做了有效也有意思的利用。

ARTS 千代田 3331 办公室就在公园里

3331 ARTS CHIYODA

千代田

从 **2K540** 步行到 **3331 Arts Chiyoda** 大概只消五分钟的脚程，中途还会经过银座线的末广町站，这两个同属于东京之东的区域，看起来都有些岁月凿痕，而 **3331 Arts Chiyoda** 是坐落在练成公园内的练成中学校舍，这原本的中学校园在 2005 年废校，经过公开招募之后由 command A 的团队进行规划营运，自 2010 年开始，现已翻新成新的艺文空间与文化据点，唯内部仍保留着学校原本的格局：黑板、置物柜、洗手台等，留住了当年学校的空间味道。

在入口前有一大片草地烘托出这栋中古建筑悠闲的气氛，沿着木板阶梯走进 1 楼，是艺廊和餐厅，其中还有一处由艺术家藤浩志组织的名为“Kaekko”的常设空间，意在让小朋友拿着不需要的玩具到这里交换，并作为创作的元素。看到成堆的哆啦 A 梦与毛怪等玩具等着被交换，让人迫不及待想要拿着失宠的玩具过来。

2 楼与 3 楼共有 30 多位艺术家、创作者、杂志社的工作室、艺廊，还有提供租借的体育馆，顶楼还有一块有机菜园出租给大家耕作。

这里还会举办“ART FIELD TOKYO”的艺术讲座、workshop、展览等，借由空间的再生与活化，表达对生活环境与社区的关心，并成为一个开放与交流、亲近艺术的社区型创作信息平台。

3331 的意思源自于“江户一本缔め”，其实就是日本人在庆典聚会时，用这样的拍手节奏来表示感谢之意，犹如爱的鼓励般，依照这节奏先快速拍出三、三、三等于“九”下，但九这字的日文发音和“苦”一样，所以要再多拍一下，让“九”变成“丸”，意味着“圆”的意思。这样的思考真的非常有趣，将声音化成文字，最后又从其 LOGO 里得到了一切的解释。

3331 Arts Chiyoda 在东京创造了一个难得的艺术文化风景，它由一非营利组织 command A 来营运，借着强力企划与充满创意的有趣想法，带动艺文与人与社区的交流。在屋顶种菜，在大树下草地上办市集，更重要的，通过这些展览、讲座、空间里的活动，去提供一种让人感到幸福的生活方式。

Asakusa

自从 2012 年墨田区晴空塔完工启用后，隔着隅田川的台东区浅草，过去总是以浅草寺为中心的观光热区，如今更有了不同的新风景。如果能安排个两天一夜的浅草小旅行，以设计生活的眼光切入，不仅感受传统与现代，体验上想必也更加丰富也多层次。

浅草旅行散步中
WALKING in ASAKUSA

浅 草

合羽桥道具街是整条与“食”有关的器具商店街，从咖啡器具、甜点制作到食物模型等货品琳琅满目、种类众多，各家商品特色亦有所不同，价格也较便宜，购买前可多比较！我偏好去“Kitchen World TDI”找些餐具。

漫步生活道具街｜午后漫步在浅草附近的❶ **合羽桥道具街** *047 上，一整条街都在贩售与食物、厨房相关的生活道具，对于喜欢做菜的人来说，厨房里或是餐桌上永远都需要可以大展身手抑或增添情调的料理道具。在这里，除种类品项众多，有时还可以批发价格购得优质的餐具与厨具，例如柳宗理餐具、野田珐琅等厨房商品等，享受淘宝乐趣。这里更能满足想要开间餐厅或是咖啡厅的店家，从牙签、菜刀锅具、食物模型到家具、看板等琳琅满目。因“合羽”日文发音跟“河童”（かっぱ）相同，所以沿街还可以看到很多河童人像伫立其间。漫步道具街，不管是看热闹或是看门道，道具所投射在眼中、心中的，正是对于美好生活品味提升的一种自我期许。

逛到略感饥饿时，不妨走进隐身在白墙后面空间迂回、设计独特的❷**合羽桥咖啡** *048 内享受下午茶时光。这是间室内都是木制家具与隔间，散发着温暖特色的咖啡馆。咖啡强调现点现做，每一杯皆亲手冲泡，点杯黑咖啡或许最能喝出个中滋味，搭配着甜点或咸食，又可度过难得的悠闲时间。当结账时，柜台后用大块废木拼贴的背墙与吧台的原木质地及曲线，再度抓人目光。

观光客登高必选题｜位于雷门对街，由建筑师限研吾所设计，外观是木料与玻璃构建的 8 层楼建筑——❸**浅草文化观光中心** *049，除了可以获取浅草当地的更深一层的观光资源外，另一处值得造访的就是楼顶的展望台，可从高处俯拍浅草寺的雷门与仲世见通，下楼时若是选择走楼梯回旋而下，还能看到层层楼面的空间设计与视觉识别的创意巧思。

接近傍晚时分，选择前往仲世见通附近的❹**大黑家** *050 天麸罗，赶在大排长龙之前，造访这间创立于明治二十年（1887）的老店。他们以一贯的胡麻酱汁浇淋在刚炸好的天麸罗上，散发出醇厚香浓的独家香味，呈现出褐色的天麸罗是其一大特色，也是浅草老牌名物。用餐后，搭上东武晴空塔线坐一站，即能到观光客最爱的❺**晴空塔** *051 购物中心 solamachi 逛逛，这个又新又大的商场引进了有特色的餐厅、名店及超市等等，不只是观光客，当地人也可以在这边补给生活所需，让“晴空塔”不只是观光胜地，也是生活场域。如果用设计的眼光去端详，空间的设计、企业标志与指示标设计等也多有新意；而相较于东京铁塔，晴空塔里的商场也呈现了另一个时代的轨迹。

隅田川边的和风散步｜次日离开❻**浅草雷门盖特酒店**（THE GATE HOTEL）*052 后，在中午前再次赶着去吃❼**鳗驹形 前川** *053，这家有 200 年历史的鳗鱼饭老店，晚到除了可能会耗时排队外，还可能会吃不到午间特价限定的 2700 日元

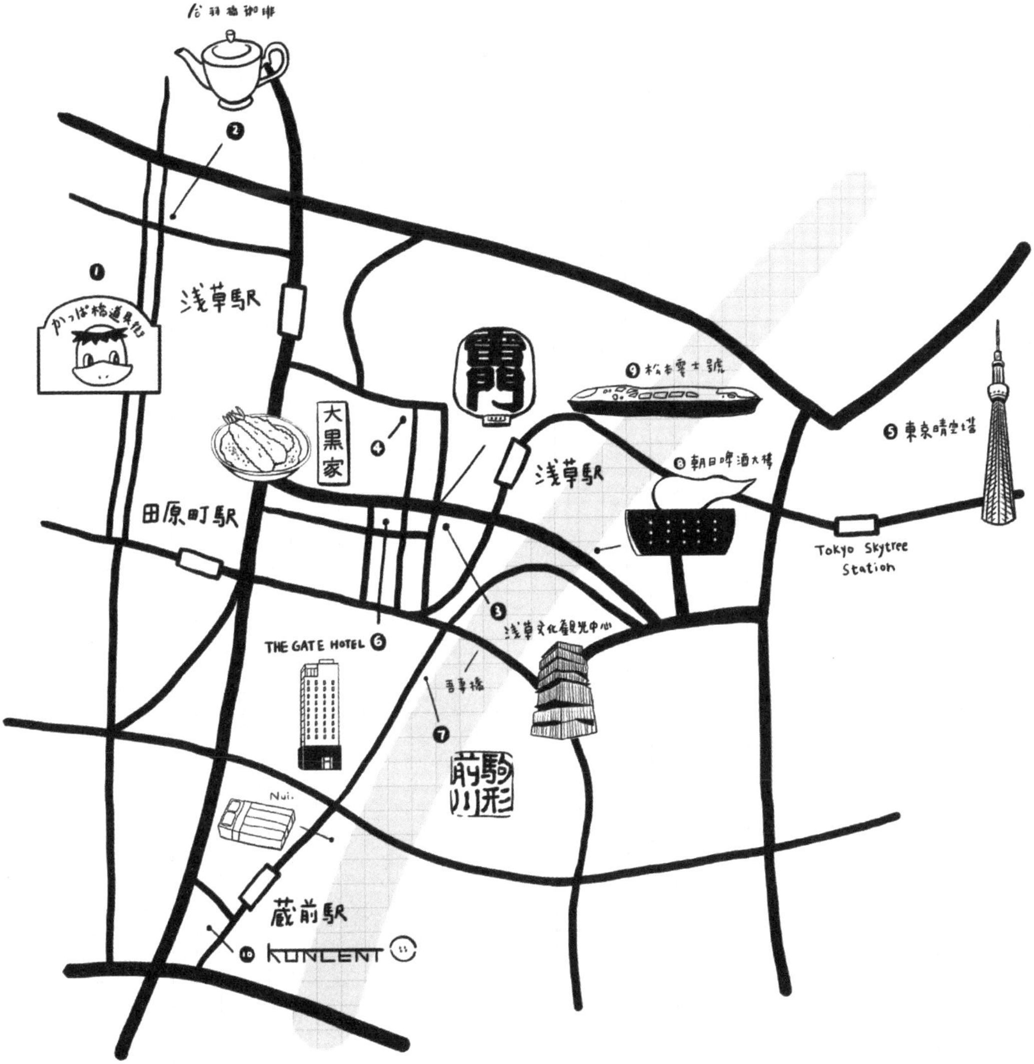
合羽橋珈琲
2
1
かっぱ橋道具街
浅草駅
大黒家
4
雷門
9 松本零士號
5 東京晴空塔
8 朝日啤酒大樓
浅草駅
田原町駅
Tokyo Skytree Station
3
浅草文化観光中心
THE GATE HOTEL 6
吾妻橋
7
駒形前川
Nui.
蔵前駅
10 KONCENT

浅草
ASAKUSA

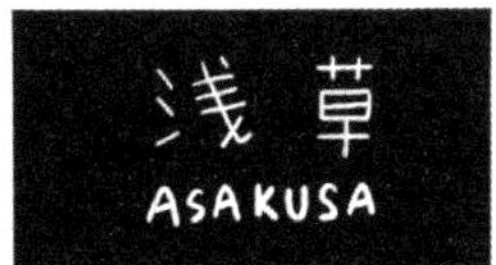

的鳗鱼饭（晚上则要4212日元，故午餐实属优惠）。夏季是日本人喜欢吃鳗鱼的季节，中午选在这里用餐，除了享有节省预算的小确幸，还能在和式的榻榻米屋内以河景佐餐，光是阵阵随风扑鼻而来的烤鳗鱼香气就令人难以招架了！而在色香味俱全的鳗鱼入口后，这份幸福终于底定。

饱餐后往河边走走，跨过吾妻桥走到法国设计师菲利普·史塔克在1989年所设计的❽ **Super Dry Hall**[*054] 建筑，其屋顶如火炬的金黄火球，是河边最引人注目的建筑轮廓。邻栋21楼的SKY ROOM café，可以从高处鸟瞰漫画家松本零士所设计的水上巴士在隅田川上缓缓驶来，名为**HOTALUNA & HIMIKO**的❾水上巴士[*055]从“眼泪”的概念衍生出船身流线型设计，船内还有北欧的PANTON椅，充满未来感的拉风体验！

浅草最后一站仍要围绕着设计。搭着公车去“藏前站”前的❿ **KONCENT设计商店**[*056]，它结合了艺廊、商店与工作室，在浅草一片传统古朴的气氛中特立独行，但是这间select shop里的商品和选品也都很独到，囊括30多个日本设计品牌，风格雅致简单，现代感也具有迷人亲近的特质，最主要的则是品牌h concept所产的相关商品，比起一般礼品店，这些有趣的生活商品，更可以充分满足你对生活品味的追求。

浅草文化观光中心是针对观光客提供浅草地区的导览与介绍的服务大楼，建筑共有8层，以杉木与玻璃为主要构成材质，从侧面看像八栋三角屋顶的传统木房子一个个堆叠而成，与对街浅草寺的五重塔有呼应之势。

静谧房间里的浅草设计风景

THE GATE HOTEL ASAKUSA KAMINARIMON BY HULIC

浅 草

临近热门景点“浅草寺·雷门”的**浅草雷门盖特酒店 by hulic**，系属世界 Design Hotels 旗下的东京新成员，作为设计旅馆中的一员，必须在设计、服务、创意与价值上都有过人之处方能获得青睐而加入。这间 2012 年 8 月开业的旅馆，坐落于车水马龙的观光地区，1 楼入口处自动门关上后，便马上隔绝了外界的喧闹，打在石地板上的是摆荡着水波纹的灯光，霎时让人心感觉到沁凉沉淀，接着再搭坐电梯直至 13 楼 Lobby，一面宽幅落地的浅草晴空塔景色就在眼前展开，日夜各有着不同的风貌。

柜台前后都挂着日本艺术家日比野克彦手绘的浅草抽象风景作品，让大厅洋溢着当代的创作风情。此外，Logo、视觉设计 VI 是由设计师佐藤卓设计，空间则是内田繁负责打造，是清一色的日本设计师所打造出的设计旅馆。

在这栋 3 楼到 14 楼的旅馆空间里共有 136 间客房，室内空间十分静谧也具格调，是能展现设计气氛的空间，暗色的墙面与地板材质增添空间的触感，色彩的明暗对比与选色搭配彰显出品味，令人感觉舒适沉淀之余，亦不至平淡无趣。

在诸多种房型中，“Suite Balcony”房型最为特别，入住时可以将隔绝房间室内外的落地窗折叠收起，让客厅的木地板自阳台延伸到室内，无论白天、夜晚，都倍感惬意，可暂时忘却都会的尘嚣，观看夏季花火时更是如此，运气好的话还可在房内远眺晴空塔闪耀的夜景，可谓是所有房型中的特等席。且客房床垫还特选了英国皇室御用的 SLUMBERLAND，将要舒适入睡时，反而有种为大大缩短感受旅馆的时间而可惜的矛盾心情。

走出房间走上 14 层的顶楼，敞开的浅草宽景围绕着户外天台，还能眺望浅草的河景建筑风光，这里有间屋顶酒吧“B Bar”更可以酒佐景，或选择在楼下的“R Restaurant”用餐之际，同时享受新旧交错的浅草独特美景。

除有上乘的设施与景致作为硬件，旅馆服务作为软件对于入住者的体验来说也同等重要。

据说旅馆人员可以提供入住者最本土的观光推荐，所谓的“食、游、见、买”都能从当地人的角度给予最道地的建议。例如“色川”的鳗鱼饭、“浅草 茶寮 一松”的怀石料理、以当季水果制作的意大利冰淇淋“ITALIAのじぇらぁとや”、以咖喱为主的“下町カレー食堂 korma”、“本とさや”的炭火烧肉与有百年历史的“ふなわかふぇ”和果子老店等，光是在一两天内品足这些当地的各式咸甜美味，就能让人感到幸福洋溢。

这个浅草的新风景，是再访浅草的好理由。

THE GATE HOTEL ASAKUSA KAMINARIMON BY HULIC

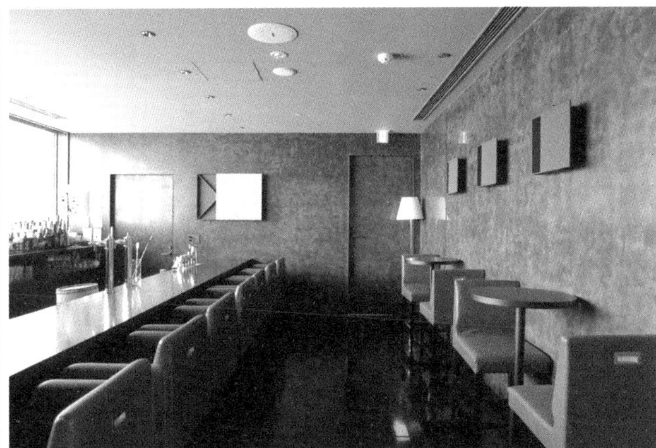

老仓库的新味道，日本文化再创造

LA KAGU

神乐坂

将地点坐标的经纬度融入LOGO设计，点出神乐坂这个区域既独特又舒适的生活气息，在这坐标里没有高楼大厦，人们可以享受日光的照射，自然风的吹拂，悠哉地散步。

出神乐坂车站的二号出口走路不消1分钟，就踏上以大片木头甲板铺设出的宽广露台，前方一栋覆盖着灰色波浪板的大型建物矗立其上，午后光线透过树木枝叶的剪影烙印地面，散发出神乐坂时尚又休闲的法式生活气息，这是2014年10月10日才开张，并以“食衣住＋知”为概念的 **la kagu** 新复合式商场。

la kagu 距离神乐坂下、外堀通上的**东京日法学院**约10分钟的脚程，因其地缘关系，过去还驻有不少法国机构，并不乏法籍人士聚居，宁静舒适的街道与浓郁的法式风情，使其有“东京巴黎”之说。神乐坂的日文发音是KAGURAZAKA，法人还将“神乐坂”昵称为la kagu，也就成了这个商业设施命名的灵感来源。

在 la kagu 里可看到旧金山的女插画家 Wendy Macnaughton 绘制的许多别具特色的插画，从菜单、环保袋、随行杯到充满幽默的咖啡纸杯。令人不禁莞尔的图像，充满手感的笔触线条，让人在用完纸杯后也不舍丢弃。

昭和四十年（公元 1965 年）这栋建筑曾是新潮社的书籍仓库，这个老仓库在多方合作下进行活化，交由也住在神乐坂附近的建筑师隈研吾巧手设计，以整体外观上不做过多改变为考量，并在腹地上搭建出从 1 楼甲板露台延伸到 2 楼，结合钢架与木板的大楼梯，整个仓库空间通过阶梯线条产生更宽幅的视觉延伸，有种仿如邀请般的设计味道，吸引来访者不禁有想向上探访的好奇冲动，拉近了人与建筑的距离。

以“Revalue”作为概念的 la kagu，背后其实是经营生活杂货、流行服饰与餐饮服务等的 40 多个品牌店家的 THE SAZABY LEAGUE，像广为人知的 CAMPER、ESTNATION、Afternoon Tea、银座的 AKOMEYA 和 KIHACHI 等，都是其旗下经营的品牌或店家。这里在 1 楼结合了餐饮空间、女性服饰还有生活杂货，2 楼则有男性服饰区、家具区、书区与讲座空间等，随处可见的书籍，延续了这个仓库原有的文化气息。

在神乐坂的 la kagu，不只是集结各方企业与创作者的新一代风格商场，通过这个新景点的出现，也让我们走进神乐坂，感受都心商区所没有的、惬意的漫步趣味。

到了周末，在宽敞的甲板露台上还会举办农夫市集 lakagu market，更贴近居民生活。

为了达到既多元又专业的商场特色，他们邀请了各领域的专家达人，除建筑师隈研吾之外，还有将经纬度放进 LOGO 设计的知名艺术总监平林奈绪美，负责女装采购，从高单价到平价都上手并表现出基本、日常的生活品味的安藤桃代，为男装选品里带入了席卷 50 年代美式休闲与经典配件的田中行太，以“美丽”、“容易搭配”、“大人的杂货”为概念的生活杂货选品者冈尾美代子，餐饮营运则找来了经营镰仓名店 LONG TRACK FOODS、精挑包括火腿的品牌 Charcuterie Kodama 等多家美味食材的马诘佳香，家具方面是以延续仓库风格、以选取超过 50 年以上的北欧经典家具为主的选品者大井智史，以及不仅选书，还策划与书有关的主题陈设的 BACH 幅允孝，而负责假日农夫市集的则是来自长野的小林淳一，以及担任整体概念顾问的法籍艺术总监 Laurent Ghnassia。

通过这些各据一方的专家达人的品位，让大家感受到每个领域挑选的商品、呈现的风格背后，都是一个个性鲜明的专业人士几经思考后的决策，其所蕴含的意义在于强调无法复制的“人”的品位价值更甚于单纯的品牌价值，通过这样的结合，激发出更多有趣的可能。

东京建筑. 法国风情

INSTITUT FRANÇAIS DU JAPON – TOKYO

神乐坂

东京日法学院（Institut Français du Japon）在饭田桥与市ヶ谷间，位处作为办公、住宅文教区的神乐坂区，在 **La Kagu** 开业前，附近似乎并无非去不可的热门观光景点，因此迟迟没有专程造访的强大理由。终于有次被一张日法学院里的楼梯照片所打动，便决定出发到这间位于山坡上的法国校园，期待感受这栋超过半世纪的大师建筑作品所带来的精神洗礼。

东京日法学院兴建于 1951 年，是法国政府的官方机构，作为日本与法国文化交流的场域。学院的建筑主体，是委托当时从法国学成归国的日本建筑师坂仓准三设计。坂仓在法国因师从现代主义建筑大师柯布西耶，便由此将现代主义建筑植入日本。

在山坡下向上可望见白色方块般的建筑主体，刻意将 3 楼、4 楼的楼板板檐与外显的结构圆柱漆上蓝色，并用窗棂线条切划出建筑立面，展现出独到的现代风味；爬上坡道进入校园，映入眼帘的是片绿意盎然的庭园草坪，种了几棵樱树、枫树和几近与建筑同高的树木，角落里有间露天咖啡座，宁静地自成一局，另一隅还有间绿窗红门的书店，流露出浓浓的异国人文情调，不难想象早在 60 年前它与当时日本的建筑风格有多么巨大的差异，它有着怎样的时代特殊性。

学院内的设施包括搜集了大量影音资料的多媒体图书馆、电影馆、法文书店与咖啡厅艺廊等，不过大部分空间还是属于法语教学用的教室与办公空间。我刚好选在一个假日造访此处，校内的学生很少，信步在校园各处穿梭，虽说校舍不大，却处处充满特色，也许是来自时代，也许是传承于文化。这明亮又净白的室内空间，呈现出简约的设计风味，却又有着或红或蓝或黄的色彩装点其间，这是教室的座椅、图书馆的橡木书柜，还有将赤红墙面延伸到地面的咖啡厅等，在沉稳内敛里，增添了许多活泼气息，精致亦有格调。

其实校园里最值得探访的一栋特色建筑，是座由坂仓设计的筒状楼塔，这座楼塔连接了 1 楼的庭园与邻栋校舍，但为何要如此大费周章地为了楼梯而去搭建一座楼塔呢？据说此塔的设计和法国香波堡（Château de Chambord）如出一辙，里头是双重螺旋的楼梯结构，每道楼梯各有出入口，就像香波尔堡有双螺旋阶梯环绕着一个石柱回旋，而设计者达 · 芬奇这样设计就是为了让皇后与情妇在同时上下楼时，使用不同楼梯而能避免擦肩的窘境。而这里的楼塔在尺度上小了许多，如此设计是旨在让人上下楼梯时不会过于拥挤又有变化。

楼塔的塔顶覆以玻璃以导入自然光线，将内部结构设计与弯曲的立体线条辉映得更加优美，由上往下望时，楼梯的轮廓像是日本饭团的三角形状，又像是能让人行走于其中的大型雕塑。有趣的是，当两座楼梯同时有人使用时，就是所谓的“只闻楼梯响，不见人下来”，这样说来，若是在灯光微弱又没有顶光的深夜时行走，是否就有点步步惊心了呢？（笑）

about ARCHITECT

坂仓准三（1901-1969）JUNZO SAKAKURA

岐阜出生，东京帝国大学文学部美术史毕业，1931-1939 年赴法国柯布西耶的事务所修业。并于 1937 年设计巴黎万国博览会日本馆，1939 年回日本开设坂仓准三研究所，1951 年完成神奈川县立近代美术馆镰仓馆，此外作品包括涩谷车站、冈本太郎纪念馆、国际文化会馆，对于东京都市计划影响甚巨。

书与绿的滋生空间——东洋文库

TOYO BUNKO MUSEUM

本驹込

东京的文京区相当于文教区，因东京大学等学校都在此区，当然不是大多观光客的首选区域，尽管临近还有江户的三大名园之一“六义园”是春日赏樱的名园，隔着一条不忍通，便是这间由三菱财团支持的**东洋文库**（TOYO BUNKO MUSEUM）。

东洋文库设立于1924年，是以研究亚洲的历史、文化、宗教艺术等为主的文教机构，收藏东亚书籍100多万册，并设有研究部门、图书馆、阅览室与博物馆等，是世界五大亚洲研究图书馆之一，其中博物馆的部分开放给一般大众参观，不必详读每本历史文籍，光是游走空间就很值得。

从 1 楼挑高的大厅空间与落地窗，便可以饱览书斋、中庭绿地与后方餐厅建筑等层层叠叠的博物馆风景。

2 楼则有文库的创办人，也是三菱的第三代接班人岩崎久弥，以及曾派驻北京的澳洲新闻特派员 George Morisson 博士在派驻期间所收藏的中、日文书籍所建构的大片书墙，藏书约两万四千本，气势慑人！

1 楼户外，则可穿越“智慧小径”到中庭绿地，实际感受东洋文库所收藏的《日本植物志》里所描绘的各样植物实物，绿意盎然。甚至入口博物馆商店也以著有“东方见闻录”的威尼斯商人马可 · 波罗为名，也呼应了馆内所藏各国不同版本的《马可 · 波罗游记》。博物馆用心地将各设施与文库的收藏相互辉映，后方还有 Orient Café 出售“文库 LUNCH”，想拥有充满书香的惬意午后时光，这里是个静谧的好去处。

从东京大学开始的驹场散步

THE UNIVERSITY OF TOKYO, KOMABA

驹 场

SPOT / 1

从涩谷搭京王井の头线到“驹场东大前”，开始一段悠闲清静的散步行程。出了车站，就是第1站**东京大学 驹场校区 I**，这里与拥有“赤门”的文京区本乡校区不太一样，除了建筑有历史感外，还有着年轻的校园气息。因驹场校区是以大一、大二年级学生为主的教养学部，是所有东大生入学后都必须在此修习的校园。

校址是早期东大农学部前身“驹场农学校”的校址，后来与本乡校区向ヶ丘的原“第一高等学校”交换校地，一度曾是第一高等学校的校园，之后才成为使用迄今的东大教养学部。因而校门上还保留着一高的由柏叶与橄榄组合的校徽。面对校门口正面的一号馆是栋貌似安田讲堂的砖褐色时计台，于1933年由内田祥三与清水幸重

所设计，另一栋仍保留着校徽的建筑“驹场博物馆”（原一高图书馆），则是1935年的作品。至于2002年由木津润平设计落成的驹场图书馆，及旁边有间生协食堂的驹场“communication plaza南馆”建筑，皆是以清水混凝土建造，让校园里出现新旧两种不同的建筑形式与色调。东大的校徽则是由两片银杏叶构成，而校园里的银杏大道更是秋季最美丽的校园风景，能感受被金黄色所包围的世界，着实美丽又令人难忘。

驹场校区II 作为研究专用的校舍，由设计京都车站的原广司主理，其中先端科学技术研究中心三号馆，还是其弟子小岛一浩与赤松佳珠子的CAt所设计，净白明亮的空间充满未来感！

萃取人心之华的日本民艺馆

THE JAPAN FOLK CRAFTS MUSEUM

驹 场

SPOT / 2

东大驹场校区不远处的**日本民艺馆**（THE JAPAN FOLK CRAFTS MUSEUM）是一栋外壁以日本栃木大谷石砌成、有灰泥格栅墙，结合传统与现代设计的双层木造建筑。在1936年开馆时，担任馆长，负责建筑、展览设计、收藏的，正是民艺之父柳宗悦。

柳宗悦（Soetsu Yanagi, 1889-1961）在1920年代发起“民艺运动”，对抗工业化后粗制滥造的商品大量涌现的情况，并欲唤回人们在过去生活中，来自民间的常民文化与工艺之美。

“民艺”即所谓“民间的工艺”，来自无名工匠为生活创造的陶器、织品、雕刻、漆器、竹器与家具等，皆以手工制作，展现材质特色，传统不标新，简单而不复杂，以器具反映自内心升华的生活之美。而馆内就藏有17,000多件民艺作品。

1983年建筑师山下和正在后方增筑新馆，融合新旧气氛。此外，在民艺馆对面的西馆，是柳宗悦的旧居，是石瓦屋顶、长屋门的两层木造建筑，其子日本设计师柳宗理也曾经在此生活。踏进这里，从传统的日式庭园、客厅与书房等空间，更让人能从大师生活里感受民艺之美。

2012年民艺馆由知名设计师深泽直人接任馆长。

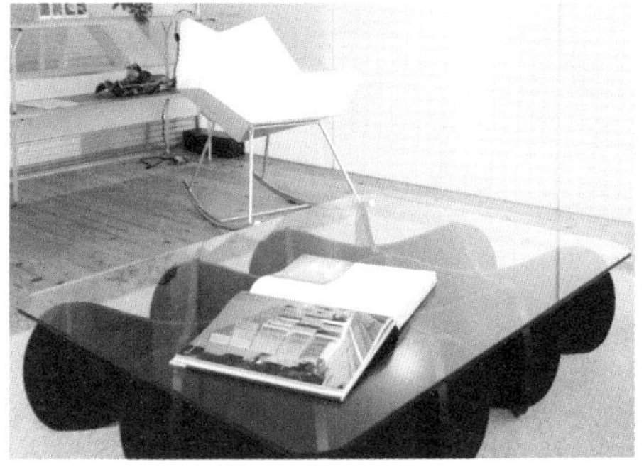

KOMABA

SPOT / 3

17坪家具展间的完美平衡

E & Y *062 | **SHOWROOM**

这小而美的独栋当代建筑UNS出现在文教区显得十分独特，福冈建筑师有马裕之（Hiroyuki Arima）以17坪的面积，巧妙地展现出可动的空间设计，从外看似方块堆叠的五层空间，借由外墙方框的配置能感受到光影虚实变幻；内部也是充满变化的灵活的空间。它作为**E&Y**品牌的showroom，让人对居住充满想象。E&Y是福冈起家的家具公司，合作对象不乏国际知名设计师，曾与Michael Young合作设计具有未来感的白色Magazine Sofa而打响名号。简约现代又具新意的设计风格，在这空间内充分呈现，让人在宁静与隐秘里，犹如置身创意绿洲。

侯爵宅邸里找寻80年前的繁华

MAEDA FAMILY RESIDENCE

*063 | **ARCHITECTURE**

SPOT / 4

东京大学的驹场校区I与校区II之间，有座不小的区立驹场公园，公园里有**日本近代文学馆**与**旧前田侯爵邸**（MAEDA FAMILY RESIDENCE），前田利为是日本加贺藩（地区）的第16代大地主，其宅邸会出现在林木参天的公园里，是因为早在1926年，他将原来本乡的前田宅邸土地出让给东京大学，而在东大农学部的所在地驹场取得一部分土地而移居于此。旧前田侯爵邸的洋式建筑完成于1929年，由冢本靖与高桥祯太郎设计，另一栋和式书院建筑由佐々木岩次郎设计，次年完成。这一“洋”一“和”两馆皆被指定为国家有形文化财产，保存了80年前前田家的风华与生活。

跃然皿上的书香 BUNDAN

BUNDAN Coffee & Beer

驹 场

SPOT / 5

日本近代文学馆位于目黑区的驹场公园内，文学馆的设立起源于川端康成、谷崎润一郎等文学家们的号召，并于 1967 年开馆，至今馆内有 100 多万件丰富的图书资料与珍贵的名作手稿，还有不少馆藏来自于像芥川龙之介、太宰治等作家的捐赠，因此可以说它将明治时代之后的日本文学相关资讯，进行了保存与展示。

即使对于不谙日文的来访者，在文学馆里无须翻译仍可感受到那股静谧空气与木制书柜间散发出的岁月累积的醇厚感。然而，近代文学馆旁的 **BUNDAN Coffee & Beer**，更是必访之地。

这间咖啡馆十分特别，不仅提供轻食餐点，更有浓厚的文青书房气息，有着一整面摆满旧书的书墙，除近代文学著作外，也有漫画穿插其间，共约两万册以上；此外入口旁的木柜上亦有文具、书籍和生活民艺品等商品销售，甚至店内每件保留着岁月痕迹的老家具都提供贩售，琳琅满目，却又表现出书房中的井然秩序。

这间受到诸多媒体报导的文青咖啡馆，有着街上咖啡店所没有的悠闲与私密性，其实还有一个特点是，店内 MENU 里的饮料与餐点，都是以芥川龙之介、寺山修司与宫泽贤治等知名作家在书中提及的食物饮品为临摹对象而制作出来的，更以作家或书名命名。像从谷崎润一郎的小说《蓼餐う虫》所发想出来的猪肉鸡肝三明治与炒蛋，或是来一份村上春树《世界末日与冷酷仙境》早餐。之所以有这些有趣的想法，其实都在于他们背后的营运团队是一家由编辑与设计师组成的工作团队 TOKYO PISTOL 公司，让编辑的专业与设计巧思相互结合并且跃然纸上，除了可以细细阅读，还使得这些文学美味得以亲口品尝，成为文学馆里独特的书香风景！

以文学名家的著作来命名的料理，这是《世界末日与冷酷仙境》早餐，村上春树的作品。

BUNDAN COFFEE & BEER

日式优雅＋纽约风尚，都会男子的时尚道具
POSTALCO

涩 谷

涩谷的这间 POSTALCO 全球唯一专门店，坐落在一栋旧大楼的 3 楼，在饮食街里闹中取静，而店内设计也质朴简单。在 2 楼还有间收藏许多艺术设计相关书籍的旧书店 Flying Books。

如果身为文具爱好者，对于 POSTALCO 这个品牌不会陌生，它是纽约的包包设计师 Mike Abelson 2000 年所创立的文具周边品牌。刚开始 Mike 只是为了解决平面设计师妻子常常要携带很多资料的问题，而设计出一个皮制的硬壳盒子，此后就开始自行继续设计文具、包包等以纸和皮革为素材的相关文房具，并在品牌创立的隔年来到日本发展。2012 年底在涩谷饮食街的老建筑 3 楼开了这小店，贩售商品以自家的高级笔记本、手帐、零钱包与皮革商品为主，简单的设计、精致的质感、典雅的配色，最重要的是任何人都需要的“实用性”。

此外这里还有不少包款与皮革制品，像“桥梁包”的设计灵感来自于桥梁的平衡构造，即使包包放在地上也能站立稳妥；而 POST BUCKLE BELT 是一款精细的手工皮带，看不到任何一个打洞但却有美丽的纹路。

店内挂有几幅特殊海报，比如汇集各式造型剪刀照片的海报，还有一款是以手工制的大理石纸张，用复杂的工法与染料制作出了独特纹路。而靠近门口的那面墙则是与纸有关的制品，明信片、便条纸、笔记本等等，是入门品也是方便带走的低门槛高质感商品。如果预算多一点还可以试试上万元的骑脚踏车用半身雨衣，防泼水设计、活动自如更绝对不会撞衫，时尚极了！

这间店的内部设计灵活，所展示的架子都是方便移动的设计，就连收银柜台也不例外！且与木桌搭配的是桌面上用以陈列的铁板，这铁板实为烤面包的铁盘，三边立起，显露出特殊的岁月材质与味道。

POSTALCO

推开门，就开始另一段旅程吧！

TRAVELER'S FACTORY

中目黑

SPOT / 1

从中目黑车站走到TRAVELER'S FACTORY，不迷路的话只要4分钟，偏偏这栋两层建筑原本是不起眼的独栋纸加工工厂，没有太多装饰的白墙外观，看似是个不错的外拍场景，内部则是挑高的木造结构空间。

在金黄色阳光斜洒的午后，我进入店内，架上摆了近百种记录旅行的相关商品，皮革包覆的笔记本、旅行明信片、旅行相关的札记书籍、纸笔纸胶等，甚至还有相机底片，琳琅满目，处处都酝酿怂恿着一段旅行的开始。

店家的自家品牌“TRAVELER'S NOTEBOOK”开始于2006年，从旅行中挖掘出更多体验是使用旅行笔记本的本意，多少有些一本在手，想象无穷的意涵，有了扎实的旅行笔记本和旅行的道具，让人们开始规划、期待下一段旅程，即便是在平日使用，也会让每一天过得像在旅行般幸福。

走上有点嫌陡的楼梯，2层是可以提供展览或小憩、聊天交流的空间，一旁还有个隔着玻璃窗框可以看见的皮革物件制作工房，可以量身订制皮革小物，护照夹、名片夹或是钥匙包，还能享有独一无二的烫金压字。

无论想捕捉旅途风光，或想收藏旅行回忆，这里种种都刺激着你不断分泌想旅行的肾上腺素。

通往2楼的楼梯前还有个盖章区，印章品质和印纸的纸质都是少见地精良，每个人都可以挑选喜欢的印章印下一张自己的note，如同是来过这里旅行的一个证明文件般，令人可以慢慢回味。

在都会男子的房间里

1LDK apartments. / Taste AND Sense

中目黑

SPOT / 2

中目黑这间都会男子 lifestyle shop 的气息实在过分迷人，对面还有间 **1LDK** 是专对都市型男的服装提案，而这里有从旅行、阅读、饮食到沐浴等方面的生活杂货，与一间 **Taste and Sense** 的 Eatery 餐店，完整地给出了衣食住的优质生活提案，显示了主导者南贵之的高明品味。特别是 Eatery 的复古空间搭配店内贩售的餐具器皿，让原本就美味的料理锦上添花，感觉像在 *KINFOLK* 里面生活着。

• shop • hotel • culture • restaurant
SPOT / 3
Tsutaya Books
茑屋书店
代官山
068 | BOOKSTORE

五年限定的理想生活

TENOHA DAIKANYAMA

代官山

SPOT / 4

TENOHA DAIKANYAMA 于 2014 年底开业，命名取自“掌心”与“叶”的造字，以“新生活方式、新工作方式”为概念，预计以五年为期，营业至 2020 年止。这是由东急不动产开发的复合式商业空间，将原本的旧空间整理、重装、再利用，其中コ字形建筑所围绕着的绿意盎然的中央庭园，营造出代官山特有的悠闲气氛。

四个部分为：“& STYLE STORE”是与网络设计商店 STYLE STORE 合作推出的实体店，贩售的日本海内外生活好物有家具、生活杂货、食品、手作品与绿色植栽、多肉植物等。“& STYLE RESTAURANT”是个有石窑烤 PIZZA 的意式餐厅。“Bondolfi Boncaffe”是来自意大利的有 150 年历史的餐厅，espresso 是品尝重点。会员限定的工作空间“LAB”，1 楼有工作、会议区与设计图书区，2 楼有房间与共享工作空间提供租用，美好的环境让工作如游戏般愉快。另有结合美容与健康的“SI · EMPRE”café，空间和食物能让视觉味觉同时满足。

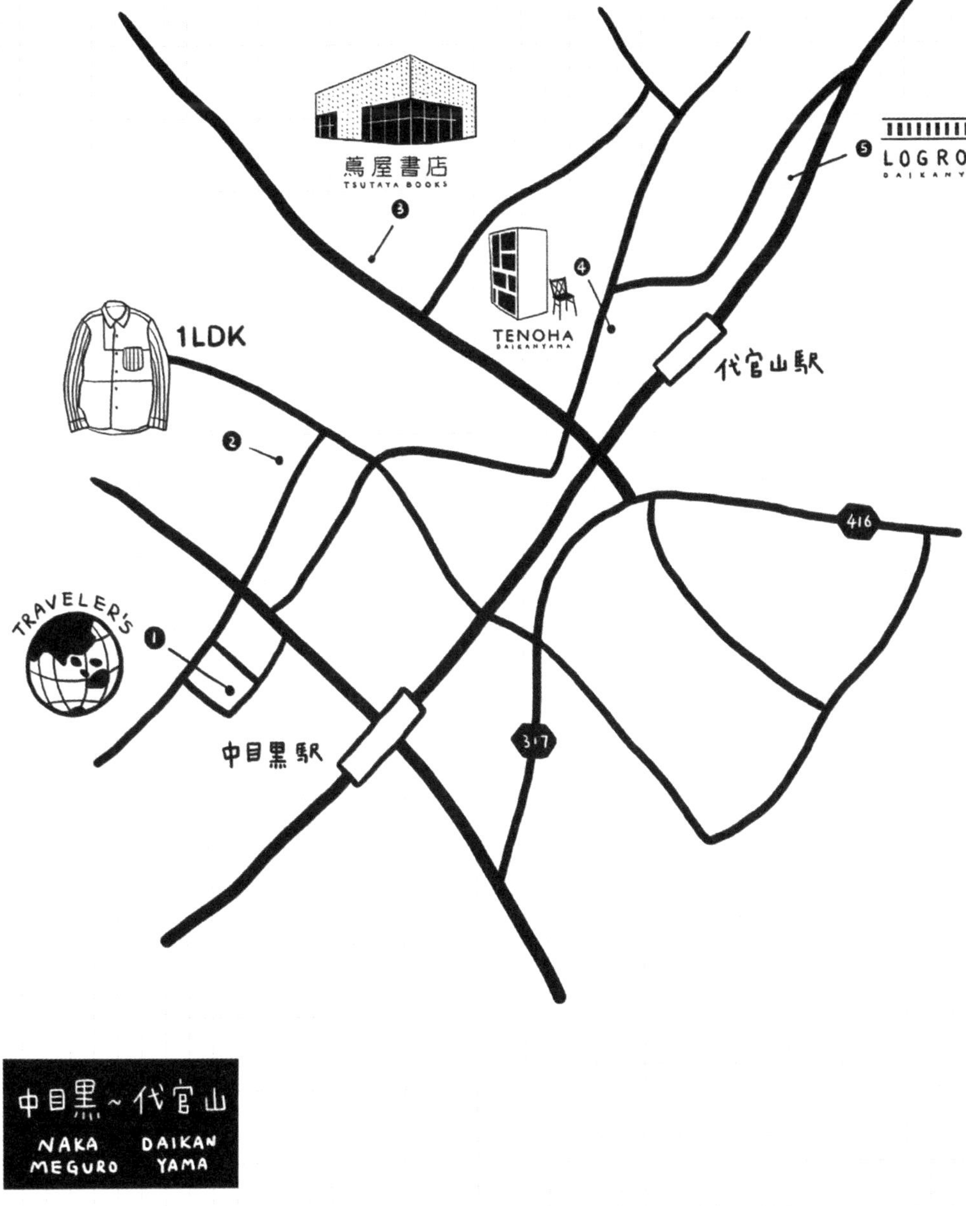

蔦屋書店
TSUTAYA BOOKS
3
LOGROAD
DAIKANYAMA
5
4
TENOHA
DAIKANYAMA
1LDK
代官山駅
2
416
TRAVELER'S
1
中目黒駅
317
中目黒~代官山
NAKA MEGURO
DAIKAN YAMA

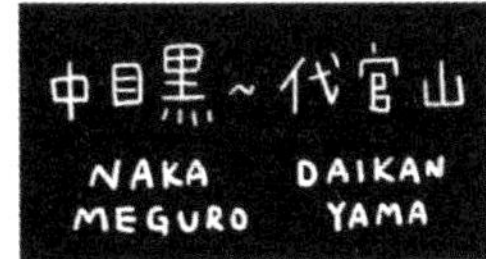

电车消失后的新空间

LOG ROAD DAIKANYAMA

代官山

SPOT / 5

从代官山站步行约4分钟，便可到达2015年4月才开的新名所**LOG ROAD**。从取名来自LOG和ROAD两字就知道案情并不单纯，主要是东急东横线的地下化，对城市发展的一大好处显现出来，地面土地不会再被铁道截断分割，于是现在在过去绵延220米的铁道原址建成五栋不同主题与概念的商业设施。在这长条形商业空间中有大尺度绿化造景的散步步道，由日本知名的绿化造景公司**SOLSO Architectural Plant & Farm**齐藤太伊负责，他过去也曾为星野集团、BIOTOP与虎の门CAFÉ等担任绿化地景设计。

五栋中离车站最近的第一号馆是“SPRING VALLEY BREWERY TOKYO”，卖自家手工精酿的天然、无防腐剂、不过滤、不做热处理、放久也不显得苦涩的craft beer，强调纯正新鲜的手工生啤酒。

经过红色餐车来到第二栋是来自美国西岸的select shop“THE MART AT FRED SEGAL”，提供咖啡、甜甜圈与咖啡道具等生活杂货，也是一个休憩空间。三号馆木屋贩售的是女装“Fred Segal WOMAN”，主题是“Precious moment for my style”（自我满足的奢华），为积极、

原本电车经过的长条空间，如今有五栋木屋，有新形态的手工精酿啤酒屋、来自美国西岸的生活杂货轻食店、男装店、女装店，还有一间面包、咖啡店，道路另一边，种满了各式植栽，让散步的小径充满绿色趣味，丝毫不感拥挤。

LOGROAD

充满活力的女性提供服装与美妆保养品。隔壁的四号馆就是两层楼的男装，给充满好奇心的大人男生提供休闲又不失精致的风格服饰。至于第五馆则是来自镰仓，原本是一间有50年屋龄、伴随着馥郁绿意庭园的木造工作室，现在以“本地与手作”（LOCAL & CRAFT）为概念，采用湘南当地的丰富食材，以本地的背肌火腿（loin ham）为主，并与专做火腿的“富冈商会”合作制作料理，此外还供应美式松饼、PIZZA和冰淇淋等，营造出特殊又赏心悦目的北加州料理风格。

这条散发着浓郁木头香气，四季花卉围绕的悠闲小径，让代官山又多了一处自然迷人的生活风景，但下回再访代官山时，似乎该思忖一日时光能否在悠闲缓慢中度过了。

Omotesando

充满好奇心的大人，有谁能抗拒表参道上的强大魅力？时尚、流行、文化、艺术，当然还有设计，总是不断有新店的概念提案、全方位的空间体验，以及最密集的创意展现，但我更喜欢周日九点半后人潮散去的表参道，那时它沉淀着一股舒爽的沁凉。

MICHAEL KORS

在花园里，与食物相遇的旅程。

RESTAURANT "EATRIP"

明治神宫前

明治神宫前附近，有个低调的被林木花草包围的庭院入口，穿过一条石板地的小径，旁边有个水池映照着日光，院里还有个低矮的水泥老房，这是间名为 **restaurant "eatrip"** 的特色餐厅。它是日本知名的食物造型师（food styling）、导演过电影 *Eatrip* 并为近期上映的电影 *Little Forest* 担任食物设计的野村友里，于 2012 年所开设的电影同名餐厅。

野村友里不只做食物造型、派对外烩，也活跃于料理教室，为 *Casa Brutus* 、*& Premium* 等杂志写专栏及食谱写作等领域，过去还曾一度计划在加州开设餐厅，但因为机缘在原宿遇见了这个特别的空间，便开始了这间餐厅的运作。当我去过这么特别又不可思议的地方之后，就感到无论是谁，只要有机会，都会想把它占为己有，做点什么事都好，开餐厅、料理教室更是绝佳的选择。

因为拥有多重身份，野村在工作场域所遇到的许多人，直接或间接地增添了她在餐桌上的想法与美味。而设计每天的料理，似乎就是最令她享受其中的事。

restaurant "eatrip" 不主打某国某地，是无国界料理，不局限于东京的本地季节食材，餐点是依据当日进货食材来为客人料理，因此镰仓

的野菜、鹿儿岛的猪肉还有三重的鱼都是餐桌上色香兼具的日本味道，就连调味料也不假他人之手自行调制，更能品尝到食物的原味。

在这个郁郁葱葱的庭中小屋内，有着水泥墙、旧木拼贴的天花板，重新改造的室内格局也很简单，开放的厨房、吧台，带些锈斑具有视觉穿通性的铁柜架作为隔屏，室内仅容十多个座位，若再加上打开落地木门后，空间延伸到外、得以亲近庭院花木香草的半露天椭圆长桌，约莫共有 30 个座位。配合着有点岁月痕迹的空间氛围，有手绘插画的菜单、被端上桌的色味俱全的餐点，以及显示着选品眼光的器皿，其中有来自益子二阶堂弘明的，也有色彩沉稳朴实的作家陶盘，在家具挑选上也是选自然木制的桌椅，略带点过往年代生活气息而无造作斧凿的痕迹。

墙上的水果静物油画作品、洗手间的铜盆小花，入口处的大型干燥花环，都与这个空间产生了绝妙的协调感并相得益彰，尤其在满座时觉得热闹温馨，即便人潮散去后的空间变得简单，仍有值得细细品味的生活况味。

除 **restaurant "eatrip"**，旁边还有间小花店是由壹岐ゆかり所经营的 **The Little Shop of Flowers**，两间的风格可以说是无接缝连接，

或说相得益彰。利用花艺将岁时节气完全融入室内，或是让室外到室内的氛围一气呵成，甚至放大了季节之彩，满足五感体验。

2014 年这里又多了一个名为 a Little 的 Gift Shop，堪称是小型的 select shop，通过一位料理造型师与一位花卉专家的眼光来拣选，像小巧的木头花瓶、黑色陶盘或是精选的日本花生酱、饼干，搭配着花卉饰品等，成为独一无二涵盖视觉、嗅觉与味觉的手作礼盒，温暖不喧哗、精致优雅，是有品味的东京伴手礼。

因为美丽、美味又讲究新鲜健康的日本本地食物，而得以与 restaurant "eatrip" 相遇，到这里的客人因为都需要预约，所以都能从容而不被打扰地享受味道、空间与气氛。更难以想象的是，它发生在原以为是热闹的观光客集散喧嚣的原宿，当我穿过庭院夹道树丛，回到原宿街道，又像是回到另一个世界，庆幸而满足地留下一段丰富感受的味道记忆。

因为日本人做每件事都会有理由、有概念、有意义，所以当我看到这幅水果油画、那条瓜、那个生锈的锅子、那只插了尤加利叶的花瓶，那两本书，视觉穿透的疏密度，应该都是精心配置的吧！尽管空间不大，但是每一面空间场景都是精细铺排的餐厅风景呢。

生活风格杂志的实体版 ... 预留无限可能

NIKO AND... TOKYO

明治神宫前

这间店的店址原本属于同一个集团的 **collect point** 服饰店，尽管占地不小，过去也总是门庭若市，如今却摇身一变，除了服饰之外，带进更多面向的生活杂货用品等，也让人嗅出整个环境趋势的改变与新的气氛和企图。

“niko”来自于“nobody I know own style”的字母缩写，至于后面的“and +...”，就是预留、延伸各种□□的可能性。因此在店内有许多“and...”，比方说 and... 咖啡、书籍、服饰、音乐、植栽与家饰杂货等。但是如果是与其

尽管是凭借服饰起家，经营男女装这块并没有独厚自家商品，而是以 select shop 的概念，各挑了 30-40 种服饰品牌，以 30 岁为目标族群，混搭出不隶属于单一品牌，而是具有自我风格与品味的轻熟男女时尚。

他店有一样的商品选物，要如何可以让人愿意在此埋单？他们想出了要与众不同的地方。

遍布两层的 **niko and... TOKYO**，其最大的特色在于强调用“杂志编辑手法”概念来定调全店，而以一本杂志来说，自然就会有“特辑”和“连载”的区块，于是在一进门处的黄金位置就设“特辑”展示区，有鲜明、引人好奇的话题，并且每 45~60 天会推出全新企划，让人对它永远像看新杂志一样充满期待；特辑区外，店内其他区块还有“专栏连载”这样的概念，放置长卖又屡有新意的商品。开业时就以美国西北部城市“波特兰 Portland”为主题，因为它曾被年轻人选为全美最想居住的城市，所以波特兰当地的生活用

NIKO AND... TOKYO

明治神宫前

品、品牌与饮食文化等都能在此获得限定体验。

店本身就像日本杂志一样丰富得让人爱不释手，门口就有三小时1000日元的脚踏车租借，1楼有手冲的精品咖啡“niko and... COFFEE”，旁边是有着高书墙的图书区，书与文具杂货系由丸の内KITTE的MARUNOUCHI READING STYLE来规划选品；另有美式风格的家饰区，以及海报、黑胶唱片、露营用品、运动服饰，而生活杂货、化妆保养、修容用具到鞋靴保养等更各具特色。

2楼的空间主要是集结了许多品牌、以select概念来挑选的男装区，另有来自五藏小山的“TRANSHIP”打理植栽园艺与古董器皿杂货。首次登陆东京的“navarre”波特兰餐厅，以有机栽培、有机农作物为食物特色，提供最新鲜的日本各地食材，营造出属于波特兰的生活氛围。

这间新店会吸引人，或许是店家对生活风格的经营，仍保持了对时尚的敏锐度与精准掌握的流行性，店内拥有丰富多样的品项，并来自专精也专业的选品者，以及生活风格店罕见的大坪数，总是可以有效抓客的时尚服饰，空间上有重点照明与具有层次性的营造戏剧情境式的商店气氛，除价格具有竞争力外，还能用咖啡餐饮与上网环境留住客人，各种诱因重重包围，屡屡制造新议题，让人很难不入手某样商品。

2楼有一间首次登陆东京的“navarre”波特兰餐厅，以有机栽培、有机农作物为食物特色，在这个属于波特兰的生活氛围中，可以吃到最新鲜的日本各地食材。

1楼有手冲咖啡“niko and... COFFEE”，浓郁的咖啡香气在店内四溢；旁边还有MARUNOUCHI READING STYLE的规划选书，此外店内还有不少仿古、造旧的手感杂货商品，与红砖墙和天花板的旧木材营造出的自然悠闲气息相呼应。

持续发烧的东京新风格商店

TAKEO KIKUCHI

明治神宫前

设计师菊池武夫于1984年创立了男性服饰品牌 TAKEO KIKUCHI，2013年在涩谷的明治通开设了一整栋的全新旗舰店！这栋3层的建筑空间由Schemata Architects的长坂常所设计，同时希望新建筑完成时，服务精神也随之升级。建筑的完成品像一个线框密布的玻璃盒，在垂直与水平的交错线条里，切割出一块块大小不同的矩形，其间交错散落着可以外推开启的木框窗，金属框架、玻璃、木头的材质与色彩，从外看来，也呼应了品牌所散发着的英伦时尚以及和风品味，带着东西混合的潮流与暖意。

建筑的基地是29米宽与7米纵深的长方形，光从左边走到右边就会花费许多时间，依照一般将入口设在中间的做法，店员只需要在门边守株待兔般地招待客人。但设计者却希望增加进出的自由度与便利性，并提升店员与顾客的互动，因此设置了四个出入口，并取消柜台的设置，让顾

3 楼 的 REFECTOIRE 是一个人也能很轻松享用的三明治食堂。要外带面包有两件事要注意，第一要早点来买，以免售罄；第二是容易在提回家的路上因为味道太诱人加上容易入口的面包大小，而在半路就解决了。

客自在进出，店员则需用更大的热情留住顾客。

这 27 米宽的立面落地窗，为避免让人在外面一目了然，需要保有神秘感，因此有了错落展示层架与异材质的交互使用，包括以多个大木箱作为展示台搭配钢制展示盘，以及沙发般的软壁面、外露的混凝土、皮革与新旧木材的混搭，丰富的感受，使人犹如在时尚森林里漫步，不知不觉就延长了在店内的时间。

特别的是，在 2 楼还设有菊池武夫的工作室，一个开放厨房的概念，不只可以在这里设计服饰，也是一个交流互动的场域，让这个新的空间丰富、有层次，还充满不期而遇的趣味。

about REFECTOIRE 074 | CAFÉ

京都的人气面包店 Le Petit Mec 在该栋 3 楼开设了优雅的三明治专卖店 REFECTOIRE，种类丰富多样，从“一口吃”到热食皆有提供。店内主要供应 Tartine（单片法国面包上佐以配料）料理，其中有三种不同面包搭配的人气组合，其一即可颂，上面还覆盖了半熟的温泉蛋与生火腿、沙拉与薄片面包，是既满足又出色的一盘轻食！

店家位置稍远离原宿的人潮，环境优雅明亮，还有不错的视野，时而有现场演唱与展览，是悠闲自在的用餐与歇息环境。

表参道建筑参拜

ARCHITECTURE in OMOTESANDO

表参道

LOUIS VUITTON 表参道

Designer 青木淳 *075

SPOT / 1

时间 ／ 2002

这栋曾经出现在村上隆动画里的表参道店对于建筑师与品牌都算是相当具有代表性的建筑。从对街来观看整栋建筑是充满兴味的，在榉树林立的表参道上，可以看到建筑量体就像是一个个不同大小的行李箱向上堆叠，且共有镜面不锈钢、金属钢网与玻璃三种材质的立面交错组合，除了反射出美丽的街道风景，在建筑内部也会感受到不同的光线质感。建筑、品牌精品以外，7 楼挑高的“ESPACE LOUIS VUITTON 东京”艺廊也值得一探！

ONE 表参道

Designer 隈研吾 *076

SPOT / 2

时间 ／ 2003

宽达 50 米的建筑外观，一共汇集了四个国际精品品牌的 showroom，也是时尚集团的企业总部办公室。建筑师在玻璃立面设计上用了一片片像是刷白了的间伐木，垂直平行地排列切割，颇有呼应明治神宫的建筑意象，同时也与表参道上的树木对应。抬头望才能发现这片映照四季变化的城市景色，蓝天白云、秋叶冬木，搭配着错落有致的精品橱窗，看似几何造型的排列组合，似乎重新诠释了现代与传统、人造与自然的相互关系。

2011 年在 LOUIS VUITTON 的七楼开始有了“ESPACE LOUIS VUITTON 东京”的展览空间，8 米多的挑高空间，让城市里的展览有更多可能性，置身展场可以感觉不同时段的光影变化，并可在此环顾四周的景致。

BOSS
HUGO BOSS
BOSS
HUGO BOSS

illustration by 李绍文

Q PLAZA HARAJUKU

Designer KLEIN DYTHAM ARCHITECTURE ˙077

SPOT / 3

时间 ／ 2015

离 TOKYU PLAZA 不远的姊妹店新建筑，地下 2 层地上 11 层，在明治通上树立了充满绿意与年轻活力的新地标。内部共有 18 间旗舰店，新形态的或是初上陆的店家，有服饰品牌 SENSE OF PLACE by URBAN RESEARCH、餐饮品牌 GOOD MORNING CAFÉ & GRILL キュウリ与来自美国波特兰的老牌松饼店 THE Original PANCAKE HOUSE 等等。

SPOT / 4

HUGO BOSS

Designer 团纪彦 ˙078

时间 ／ 2013

在 2004 年伊东礼雄设计的 L 形方块的 TOD's 建筑旁，是一栋筒状如火炬的新建筑，形成强烈的视觉对比。这两栋同样都让人感受到与路树的关联，但却是各有不同的演绎。这栋 8 层建筑以钢筋混凝土建造，有机的造型表现出树干拔地而起的生命力，近看建筑表面还用木纹清水模呈现出粗糙如树皮的质感，也与本身造型对应。建筑枝干间不规则的窗户，在夜晚透出光线，1 楼左侧的开口则如裙摆摇曳，静中有劲。

SPOT /

OAK 表参道

Designer 丹下都市建筑设计 + 大林组 ˙079

时间 ／ 2013

原址是丹下健三于 1978 年设计的“HANAE MORI”大楼，30 多年后华丽转身，同一个建筑事务所在同一个地方打造出新的复合商业空间。在建筑 3 楼以上的外观立面还保留了原本的两个 T 字形以及阶梯般的锯齿层次，内部还有走道相通。2 楼以下的商业空间则显出丰富多样的时尚气息，包括 OMA NEW YORK 重松象平设计的 COACH 表参道店，附设 CAFÉ 的 EMPORIO ARMANI，及 NESPRESSO 与服饰品牌 THREE DOTS。

单纯地繁复着的 玻璃书架

COACH OMOTESANDO

表参道

位于 OAK 表参道里临交叉路口的转角，让这间两层 Showroom 比一般店家多了一面的展示机会。设计师是 OMA NEW YORK 的重松象平，选择以玻璃盒子为表现手法是源于这个品牌在 1941 年创立时，以出售男士皮革小物为主，并且就陈列在像是图书馆书柜般的架上，只不过现在这些摆放皮包、鞋子、饰品的柜架成了玻璃材质，变成一个个玻璃盒子，以鱼骨形的人字排列法构成了这个转角的透明墙面，在晚上也是一个极大的发光体。这些立面上交错配置的玻璃盒也延续到店内，也就是商品的陈列柜，由此从内外同时展示商品的两面。

立面的玻璃盒子对外辉映表参道上的风景，对内就是陈列商品的盒子，设计师以“Library Shelf”的概念设计这间商店空间，也呼应了该品牌最初创立时的展示理念，而这些引人注目的精品在乍看下，犹如飘浮于空中，充满趣味。

重松象平设计纽约Macy’s百货的OMA NEW YORK，以不同透明度的玻璃交错排列，到了夜晚如华丽变脸，透过室内的照明与玻璃折射，让这间位于转角的商店空间成为表参道上犹如明星般不能忽视的巨大发光体。

在表参道参拜神殿、洒脱喝茶

SAHSYA KANETANAKA

表参道

某次我在濑户内海的直岛上旅行，走到了重建后的**护王神社**。这是艺术家、写真家杉本博司在2002年开始接触建筑后的第一个作品，将神社以仿伊势神宫的建筑样式再造于巨石上，神社下方还有石室古坟，而连接地面上下的是一块块透彻而清明的光学玻璃阶梯，十足的现代风格；倘若抽象一点来说，是“光”连接了天上与地下、神社与石室，尤其在四周尽是石壁的石室里，只能看到玻璃阶梯，感觉通往光的方向是唯一的出口。

而东京的表参道，过去是条参拜神社的道路，如今已是品牌旗舰店林立，或被戏称为时尚崇拜的拜金大道。也因如此，街道两旁的建筑亦如时尚潮流般地快速更替，乖张、新奇也精彩绝伦。

2013年的**OAK OMOTESANDO**的复合商业大楼，为增添艺术气息，在入口处的艺术装置部分委由杉本博司设计。有9米高的大楼入口，设计出一个名为“究竟顶”的6米不锈钢装置，悬吊于天井空中。

这个以数理模型所演算出的倒锥双弧线造型，在此之所以用金阁寺舍利殿摆放佛骨的“究竟顶”命名，是想象征其有代表现代神殿的含义。每经过其下必有沉重的压迫感，再快步往前则有3层楼高的大阶梯，夹道两旁的巨石，都是由山东运来的，共600枚，重达500吨，刻意由手工切削构筑拼贴出不规则的石壁风景，在表参道上，特立独行，没有色彩却散发出犹如古代神殿般的宗教气息，风格上很难与附近其他的精品店和餐饮商店有所关联，试着去归纳出一个共通性，或许只有“崇拜”是彼此共同的态度，只不过朝拜的对象是名利、名物或神祇就因人而异。

about SAHSYA KANETANAKA

沉重的话题与沉重的空间外，可以稍微舒缓地往这里“光”的方向走上3楼**茶洒 金田中** Café，是杉本博司为此空间所做的特别设计。

这是料亭金田中旗下新开设的轻食空间，供应简单的轻食与高级精致的和果、咖啡与茶甚至啤酒、可乐，在这里可以稍稍远离表参道上的人潮喧嚣，洒脱又沉着静谧地喝茶、休憩。

在长方形的空间里，有前低后高、面对落地窗外的两排座位，座位前有条长达9米由千年桧木作为餐点舞台的桌面，而透过近14米的活动式开口落地窗可见窗外的庭园景色。是刻意设计的狭小长形的日式庭园，由地面的青苔、石块开始，从层层叠叠的铁平石到竹围篱，从内而外延伸着视觉的水平线，一切都被设计得犹如仪式般递嬗着。如果仔细留意，在铁平石间有

天花板悬挂的是以数理模型算出的倒锥双弧线造型，并由航天级科技所制作出来的不锈钢模型，基部是直径 3 米的圆，越往尖端越缩小，直至 5 毫米，如果依照公式到达地面则会凝缩成 1 毫米的直径，用想象力继续延伸穿过地球中心的话，另一端会从巴西穿出。

SAHSYA KANETANAKA

表参道

一个刻意营造的间隙，如祠堂的小洞穴，放置了镰仓时代的石造五轮塔，来取代原本会出现在洞穴里的摩崖佛。

至于餐桌上每道餐点都像是被反复推敲、精心设计才端出来的作品，茶品与点心被置放在究极的精致器皿中，由原木、竹、铜或玻璃打造，配合着这里的环境氛围，令人即使兴奋期待，举止也不由得变得优雅。

尽管“茶洒”强调洒脱喝茶的况味，但在艺术与茶食交界之际，日式拘谨的紧张感与艺术气息下，一切都显得不得不认真起来，甚至隔壁那“究竟顶”的尖端线条若是持续延伸刺向地心，会从地球另一端的巴西穿出等说法，都会让人陷入沉思。还好一杯1500日元的宇治绿茶、一道1800日元的黑糖蕨饼，很快就把人拉回现实，每品每景都不敢轻放，试着细细慢慢咀嚼出大人的品味。

about ARCHITECT

杉本博司（1948-）HIROSHI SUGIMOTO

生于东京上野，家里经营美容用品商社，父亲是业余落语家。9岁便得到第一台相机，大学时就读经济系，1970年赴美Art Center学习摄影，1980年开始拍摄“海景系列”作品，将史学、哲学、美学带入摄影，提升摄影到艺术层次。有艺术家、艺术商与建筑家等多重身份。建筑作品包括直岛护王神社（2002）与伊豆 IZU PHOTO MUSEUM（2009）。

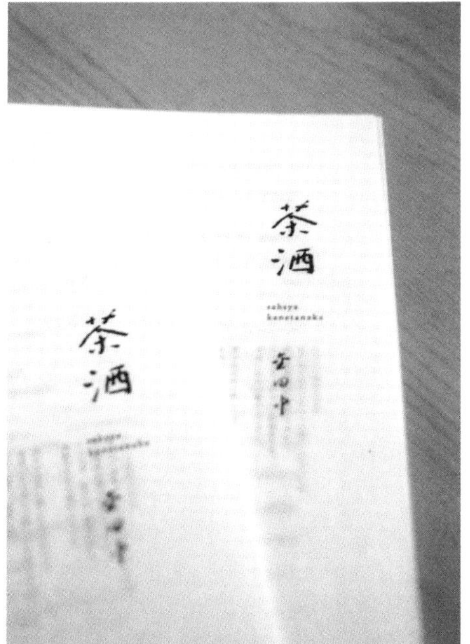
茶酒
sahsya kanetanaka
金田中
茶酒

美国风の男子秘密基地

FREEMANS SPORTING CLUB - TOKYO

表参道

位于表参道与青山通之间的巷内，2013年开业，是一整栋来自纽约时尚界、打造男子专属风格的新概念店。

建筑的外墙用张贴喷图帆布的方式复制了纽约店的风貌，每层楼都有不同的主题。1楼是“SPORT CASUAL”，不仅有自家“Freemans Sporting Club”的品牌服饰，还挑选了十多种男性品牌服饰与配件，刷白的砖墙、旧木柜等家具，营造出纽约经典复古的绅士气息。在2楼，有摆放着古董chesterfield沙发的“TAILOR”，来自纽约的西装老铺，有强调全手工订制的“greenfield”系列，与美国Southwick合作的“The Freeman”系列，并为客人推荐最适合的西装订制风格。到了3楼是东京现在很流行的BARBER男士理容院，纽约地铁的白瓷砖、复古的BELMONT理容座椅，在明亮的空间与黑白相间的色彩里，发现纽约与东京最短的距离。

地下室是曼哈顿下东城风格的餐厅与酒吧，整间以木质为基调，分为内外两区，一个是低调沉稳带点昏黄灯光的酒吧区，墙上挂满绘画、动物标本与复古写真，另一个则是明亮、绿意盎然的半户外天井空间，各有不同喜好者。店内提供美国的家庭料理，即使简单的汉堡薯条，都能吃出好味道。

时尚里阅读艺术

BOOKMARC

表参道

MARC JACOBS 是来自纽约的时尚设计师所创立的服装品牌，2013 年继纽约、伦敦、洛杉矶与巴黎后，选在东京的表参道开设了亚洲第一家品牌书店 BOOKMARC，取了书签 BOOKMARK 的谐音，空间的设计是理性的清水混凝土墙与温暖感性的全木质书柜，在聚光灯下每本平放的书籍封面都如同服装一般耀眼。

MARC JACOBS 本身就热爱书籍，原本副牌 MARC by MARC JOCOBS 就有些书籍贩售，在此基础上，这间阅读概念店整间都充满艺术、写真、时尚建筑与设计等书籍，也延续了品牌对于设计与艺术的好品味，店内也选了不少诗集、小说与日本的其他出版品等，甚至还有影片 DVD 与限定专卖的文具、笔记本等。面积不大却位置极佳的 BOOKMARC，在喧闹又时尚、人潮不耐久留的表参道，反而成为了可以安静阅读的艺术空间。

地下 1 楼则是副牌 MARC by MARC JOCOBS 的男性系列专门店，店内的空间设计、陈列与服装、饰品同等精彩，若想知道阅读什么书籍会影响到时尚的品味与眼光的话，这里确实是亚洲最接近 MARC 的地方。

越难找•越想去的独立书店
UTRECHT

表参道

尽管地方隐秘，这里除了2楼书店、“NOW IDeA”艺廊，1楼与2楼书店隔壁间，是由南贵之新开立的选品店Graphpaper，物件来自世界各地，是一间犹如美术馆般的select shop，千万别因其低调的外观而忽略了。

原本在东京南青山的Utrecht，2014年悄悄搬到表参道住宅区一处可能要绕三圈、历经自我怀疑之后才能找到的2楼书店。而这家店特殊的店名，是来自荷兰知名作家、米菲兔的作者Dick Bruna的出生地。

Utrecht 2002年从网络书店起家，后来开设了需要预约的代官山实体书店，现在则是不需预约便能造访的一间低调独立书店。这间眼光精准、阅历丰富的独立书店，选书以艺术、设计、绘本与时尚的书籍，以及一些少量出版与外国进口的ZINE刊物为主，因此在此能看到非一般书店所贩售的书籍实在令人窃喜。

不过其实店家不只是卖书而已，还提供许多像是高级旅馆、服饰店、办公室的公共空间等商业设施里，阅读空间的规划与选书服务，甚至MUJI无印良品博多店的书区书籍、上海KOKUYO旗舰店的书区选书都由其规划。另外，店家也是每年举办的“THE TOKYO ART BOOK FAIR”活动主办方之一，通过书籍活动的密切交流，让这间犹如秘境的小书店可以保持高人气。

新空间里，还是保留了一方“NOW IDeA”作为举办艺术展览为主的空间，让来看书、看展的人都得到更多的文化能量。

表参道到南青山的不设限散步

A LIFESTYLE SHOP TOUR

表参道

Flying Tiger Copenhagen 平价消费的聪明智慧

*085

表参道

来自丹麦的超平价生活杂货，商品有文具、厨具、家庭用品及 PARTY 布置等，采取 100-600 日元左右的低价策略，其中雨伞、墨镜、T 恤更在三五百日元之谱。店内单向曲折的卖场动线亦是展示丰富商品的聪明手法，不但让抢眼的商品陆续涌现，也促使顾客为避免回头而即刻购买。除廉价外，色彩的多样性，设计感与幽默可爱，都是诱人购物的好借口。这丹麦老虎究竟是提倡美好生活或鼓励消费，就看我们解读的智慧了。

1LDK / DEPOT. 收藏好品好物的仓库

*086

表参道

1LDK 系列的第六间店，开在 GYRE 商场的 3 楼，这间店以“仓库”为概念，以石绵瓦的外墙、水管制成的吊衣杆，木头夹板与大面落地窗等，使空间具有不羁的工业风。因为这间店面积不大，因而以“物”为主要销售主题，有生活杂货、书籍、衣物配件、文具、保养用品与园艺用具等，林林总总有 20 多个品牌在店，像是 1LDK 的精致型 select shop，如果尚未有机会造访其他店，先来这里可以是很好亲近的入门店。

Good Design Shop　时尚与老东西搭出好设计

*087

表参道

Good Design Shop Comme des Garçons D&Department Project 位于表参道 GYRE 里 2 楼的设计概念商店。一方面有强调创新风格的服饰品牌川久保玲，一方面则是聚焦老东西、物品再利用的“D & Department Project”，两个看似冲突却又有共通理念的品牌在此相遇，成为生活里具有相当意识概念的衣与居，也是难得的合作商店，共推好设计。通过选品，D&D 勇敢让时间选择了值得留存下来的物品为“定番商品”。

The Tastemakers & Co.　刺激品味的新好生活

*088

南青山

说是位于南青山骨董通与六本木通的交界处只是个大方向，其实这间店隐秘得紧却又别有洞天。位置就像在民宅里，这里原本还是摄影棚，因而保留了挑高宽敞的空间。店家的选品也独树一帜，包括选自英国的生活杂货、丹宁衣物、鞋子等，还有来自法国的餐具、咖啡磨豆机及不少户外用品，其中可以客制写上姓名的野餐篮就是特色商品，也有制作甜甜圈、饼干的面粉食材贩售，带有一种讲究的粗犷味与悠闲气息。

建筑网内的虚实趣味

LUCE TOYO KITCHEN STYLE

南青山

透过网子看事物，产生的效果之一是隔离所导致的距离美感，此外是朦胧的视觉延伸到心里的暧昧感受，很多时候是充满性感的。

这间位于南青山的 LUCE 是 TOYO KITCHEN 旗下专卖灯饰的展示空间，所展售的灯饰除了自家品牌外，还从世界各知名灯饰品牌里挑选，譬如波西米亚的玻璃品牌“BOREK SIPEK”、意大利的陶瓷品牌“bosa”以及“Foscarini”、英国的“Innermost”等。地上两层地下一层的空间里，1 楼的空间是以不同形态与素材的灯具为主，2 楼则集中了来自各地的吊灯，其中有来自威尼斯的玻璃灯具与华丽的水晶吊灯，甚至还有来自中东王室的吊灯，充满奢华与高贵的气势。

这个空间由与 TOYO KITCHEN 关系友好的建筑师妹岛和世担任设计，视觉上隐约的穿透感是她最擅长的表现手法，这次则是以金属钢网的硬材质来表现柔软温和的穿透性。在白天是栋白色的建筑，日落以后，以“光的宫殿”姿态浮现出来，令人惊艳。有趣的是，在 1 楼摆放了 moooi 的马形地灯，2 楼则放置了小鹿与兔子，从另一种角度在外向内观看似假幻真的网中动物显得十分有趣。在建筑与空间与商品之间，发生了这样的化学效果，而对空间的使用来说，不能摆有任何长物也是极具挑战的。

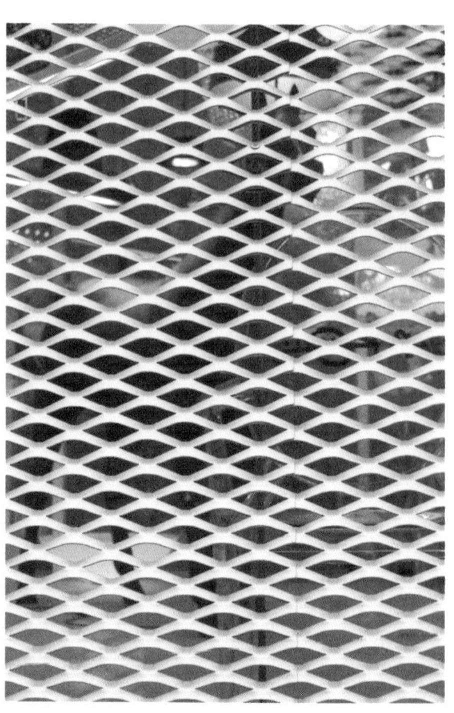

about ARCHITECT

妹岛和世（1956-）KAZUYO SEJIMA

出生于日本茨城县，是日本杰出的当代女性建筑家。1981 年自日本女子大学研究所毕业后，于伊东礼雄建筑事务所工作。1995 年与西泽立卫创立 SANAA，以金泽 21 世纪美术馆获得威尼斯建筑双年展金狮奖。作品表现日本建筑少见的轻量与穿透性，具柔软又坚毅的女性特质。SANAA 于 2010 年获得普立兹克建筑奖。

LUCE TOYO KITCHEN STYLE

花·设计·咖啡

'090 | **CAFÉ**

NICOLAI BERGMANN NOMU

南青山

在 LUCE 对面原本是一间来自丹麦花艺设计师 Nicolai Bergmann 的花艺设计店，后来在 2010 年开设了 CAFÉ，将现代花艺的设计融入饮食空间里，也将北欧的花艺与日本的花艺完美融合，色香味俱全。

人、生活与文化的交叉点

INTERSECT BY LEXUS

南青山

2013 年下半年，LEXUS 在南青山开设了一间"INTERSECT BY LEXUS"，将汽车品牌隐藏于空间的无形之中，让它不只是一间咖啡厅、CAFÉ，更从中可见日本设计的极致风格。

INTERSECT 处理建筑立面的独特手法，是将空间包覆在玻璃与竹编般的帘幕墙中，其具有职人手感、不断衍生的竹制纺锤形格栅形状，其实是品牌汽车里独有的护罩造型轮廓，隐约的视线令人想拨开帘幕一探究竟，这精致、重复性与洗练的气氛营造，加上间接照明在竹材上所形塑的渐层光感，正是设计师片山正通一向擅长的鲜明的空间设计语汇。

1 楼前半的"café"可坐可立的品饮方式，增添了空间中轻松的氛围；视线再往内部延伸的焦点则是展示概念汽车的"garage"区域，甚至一旁充满未来感的洗手间，都无法忽视。

此外，在进门入口右方吧台旁还有一道可通往 2 楼"LOUNGE"的楼梯，在攀上的楼梯右壁，是一整面由汽车零件所建构的垂直装置，喷白了

INTERSECT

INTERSECT BY LEXUS

南青山

的方向盘、排气管或是轮胎钢圈等，仿如美术馆的石膏浮雕收藏品般地将好奇的视线引导向上。

进入“LOUNGE”空间，这里是有如男子书房般的一方天地。书柜墙、私人收藏品、沙发椅、一整面的摄影作品墙以及勾勒出圆弧曲线的立灯，黑色砖墙与黑色的菱格纹圆毯，空间里浓郁地散发着一位拥有品牌座驾的男子的生活风格，而服务人员的穿着与有礼的应对态度、供应的精致料理、餐前拭手的灰色毛巾，甚至是特地与手工职人品牌 Syuro 合作的金属餐具器皿，每个物件都堆叠着汽车品牌优雅气息的无限扩散。让人去想象，是以什么样的大人男子为假想，打造出这样的一个非常丹迪男空间，令人慢慢咀嚼。

2 楼一隅匠心独具的“CRAFTED for LEXUS” shop corner 更是精彩，LEXUS 与讲究精湛做工与品质的生活品牌合作，从 ITO BINDRY 笔记本、金子眼镜、鹿儿岛的滴漏式咖啡用具，到 blue over 手工鞋子与 TEMBEA 帆布包等，在日常中感受到都会男子注重细节的上质生活品味。

INTERSECT 在两层空间里，软硬兼施地以五感的包覆式体验，让人处处感受充满享乐的生活风格，品味文化、艺术、美食与设计的当下，不禁假想自己是拥有日本品味座驾的风格型男，又或是将这风格延伸到自己的座驾似乎是指日可待的。

莫忘 2 楼洗手间里精心的设计，那满载一整面天花板的模型小汽车，是无论男孩或是男人都曾经深藏在心的一隅梦想，令人难以克制大发玩心。

about DESIGNER

片山正通（1966-　）MASAMICHI KATAYAMA

出生于日本九州冈山，父亲经营家具买卖影响他投入设计的工作。2000 年成立 Wonderwall 设计公司。片山的设计除了以空间作为品牌信息的传递，还非常擅长用空间本身说故事，每个空间都蕴藏一个足以成为话题的设计，并借由空间设计的烘托，带给消费者最直接也最感性的感受。合作对象包括 APE、NIKE、MEIJI 等。

岂止微热关注度的建筑

SUNNY HILLS

南青山

2013 年完成的凤梨酥建筑，约有 90 坪的 3 层楼空间。采取日本传统木造建筑的"地狱组装"工法，将上千根桧木以更高难度的三个向度榫接，整体外观想要营造像森林般茂密、云般自由的形貌，却又是温暖柔软的人性空间，在附近住宅区中像个大竹篮，相当引人注目。可以在内部空间试吃台湾凤梨酥，感受光影的丰富变化。

about ARCHITECT

隈研吾（1954-）KENGO KUMA

出生于日本横滨，1979 年东京大学建筑研究所毕业，一度赴美于哥伦比亚大学担任客座研究员，1990 年创立隈研吾建筑师事务所。建筑作品强调的"负建筑"精神传递着能融入周围环境、将现实条件的制约逆转为优势，也多以天然建材将建筑融入自然环境中，看似柔弱，实则坚韧。作品有**石の美术馆**、长城脚下的**竹屋**等。

低调半露的性感建筑

MIU MIU AOYAMA

南青山

*093 | **ARCHITECTURE**

南青山的 Prada 在 2003 年完成时引起喧腾，瑞士建筑师 Jacques Herzog & Pierre de Meuron 也因此一炮而红，（他们还盖了北京鸟巢），而南青山也成了“建筑的名所”，一线精品建筑相继林立。相隔十多年，这栋 miu miu 建筑于 2015 年完成，两位建筑师一改过去外显风格，转为低调，最大特色是 3 层建筑只露出 1 楼的空间，2 楼以上的外观则被一大片屋檐般的斜板顶篷遮盖，还从侧边展露出光芒，如半开盒子微微翘起，挑逗着人们的好奇心。

根津美术馆前的品味小歇

DOWN THE STAIRS

南青山

DOWN THE STAIRS 是间“食”的 select shop，属于超高品味的 A&S（ARTS & SCIENCE） 旗下一员，老板是眼光极好、品味极高，并从出版起家的风格设计师 Sonya，常常会挑很お洒落的生活用品。2003 年在代官山开设第一间 ARTS & SCIENCE Lifestyle shop，并且常和国外创作者合作，引进日本没有的独家商品，2015 年延伸触角，在京都的町家开设新店。

A&S 所有的 LOGO 是来自平林奈绪美的设计，而这间特别的餐厅就是要走下楼梯去享用。下午茶时间造访，希望由这么有品味的店家推荐餐品，他们所推荐的是柠檬磅蛋糕加上热红茶，蛋糕浓郁的柠檬糖霜遇上香气四溢的无糖红茶，两者在口中迅速地融合成绝配，美味到不可思议，令人感动！此外，里头还有一个棚架叫做“SUPPER CLUB”，摆放从厨房衍生的用品、食品，来自世界各地，阵容豪华，像：有型、可装两瓶酒的麻布袋，“美国湾岸区无农药栽种的水果所制成”的果酱，“用一公斤番茄只做成一罐”的番茄酱，听来就充满故事性，引起购买冲动！

在非日常的旅馆里寻找日常

1LDK AOYAMA HOTEL

骨董通

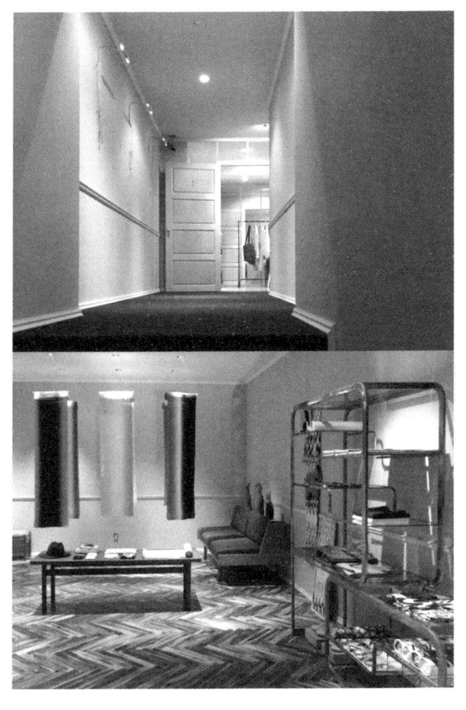

1LDK AOYAMA HOTEL

无论是外观还是内部的空间规划都充满了超强的设计感，甚至会让人以为这家商店真是一间设计旅馆呢！2014 年才开的这间 lifestyle 店，1 楼有个半露天的空间，花木树影摇曳，隐约的视线增加了对内部的好奇心，内部 1 楼就真像饭店 LOBBY 一样，地上铺设人字形木地板，有店员站在柜台前，沙发旁还有展览空间。踏上柔软的蓝色地毯走到 2 楼走道，有好几扇挂上房号的木门，营造着走进旅馆的期待感，这里以走道区隔男、女、物三个展示区，以 1LDK 本身的服饰与配件为主，如果找不到镜子，试着打开 202 房门看看。

宛如生活美术馆的生活风格商店

CIBONE

南青山

东京六本木国立新美术馆的 SFT SOUVENIR FROM TOKYO 商店、自由が丘或涩谷 Hikarie 的 Today's Special，又或东京都心外的家饰店 George's 与 Dean & Deluca，以及餐厅 HOUSE，它们都属同一营运团队，而最有代表性的莫过于2001年就在南青山开设的生活风格店 **CIBONE** 了。

CIBONE 在东京众多家具家饰店里显得非常重要并有其代表性，原本的自由が丘店也在2012年大兴土木，成功转变成一家崭新的生活风格店 Today's Special，以“食、衣、居”三个面向为店铺主轴，缩减了商品的尺寸、采取了更容易亲近的价位策略，成为更贴近东京人的优质的生活风尚品牌。

2014 年 **CIBONE** 青山店从原本的大楼地下室空间搬迁到对街新建筑的 2 楼，同样是不让过路客轻易发现的商店位置，却一样用心地在新店入口前设置了一块展区空间，悉心企划每档店内展览。譬如重新开业时就以“New Antiques, New Classics”（未来的古董、现在开始的经典）的概念为题延伸，而到了东京设计周期间则又规划了“现代的炼金术师所看到的世界变容”展，不仅展出外国艺术家关于工艺与艺术交融的创作能量，也展现店家本身超强的展览企划力。

CIBONE 最让人赞赏的莫过于其独到的选品品味。在精心的陈列设计与照明环境里，在白色矮墙、质朴又现代的水泥地板与纯粹的玻璃展柜里，商品在如此的气氛烘托下显得价值倍增，更具宛若置身美术馆观赏艺术品般的空间气息！家具、服装、花坊、音乐、书籍、织品、沐浴用品与文具杂货等等，以日本的眼光从本地传统里找灵感，“一保堂”的茶叶、作家的陶器与人气保养品牌等，利用照明、台阶与不刻意摆满的留白美学，营造出多层次却同一调性的店内氛围。

在“DAIKEI MILLS”由中村圭佑与工藤桃子所设计，如都会雅痞般的利落大人空间里，不仅能自在优雅地品设计，在选购之际，还会察觉 JAGDA 2013 新人赏得主田中义久在视觉设计上处处留心的精致美感，是一趟满点无法复制的设计之旅。

南北青山十字路口的徘徊

AN INTERIOR DESIGN TOUR in AOYAMA

北青山

LOUNGE by Francfranc [*097] 华丽转角的生活提案

2012

南青山

外墙贴出古典风格趣味的这间店是Francfranc在品牌成立20周年时所开设，两层楼约有350坪的广大空间，华丽高挑、气派非凡，是由打造很多餐厅商店的A.N.D.的小坂龙设计。气氛高贵之余，仍然有许多生活小物可入手。

本店与他店大不同之处是在2楼有供应咖啡和贝果的“MUG CAFÉ ”，并设有“Hotel & Resort”专区，提供能营造出饭店住宿气氛的寝具等用品。另有意大利家具与小坂龙“AND”家具系列。

sarasa design lab [*098] 单纯、简单的美好

2013

北青山

白色控和喜欢造型单纯的生活用品的人，若想找到不会产生视觉凌乱的厨房用品，或许这里可以让你觉得被救赎！像是可以放菜瓜布的陶制白色洗碗精罐、白色细框的伞架和鞋架等，每个商品都在生活里传递着简单的美好。

店面小巧可爱共有4层楼，店面是黑色细框的落地窗，优雅细腻，走到4楼还有一个小型Gallery，坐拥如此精致又有生活感的品牌商品，放在家中就能幻想自己是住在东京一般。先上网站瞧瞧吧！

ACTUS AOYAMA *099
2012

通透街道的都市花园

北青山

2012年开业，占地两百坪的空间，以“都会的villa”为概念展示，在前庭，有让人感到绿意盎然的入口园艺植栽，接着则是依照厨房、卫浴、客厅等区块陈列，还有个明亮的中庭，舒适的展示空间，散发着优雅温馨的高品质生活气息。选品以欧美品牌为主，多以日本眼光采购，因此是以自然、精巧能融入生活的品项为主，装饰性与实用性各半，在这里可以想象是在家中轻松悠游，在此处选购礼品一定拿得出手。

ALESSI / BoConcept
*100 / *101

各国家饰汇聚的新风景

南北青山

从北青山走到南青山，有越来越多家具家饰店汇聚的趋势，从占据整栋大楼的意大利老牌店艾烈希（ALESSI）、hhstyle.com青山店、卖古董家具的Lloyd's Antiques到新开的老牌店CIBONE等，风格上各有擅长。往南青山走，有一间丹麦品牌的家具店**北欧风情**（BoConcept），也陆续与日本设计师nendo合作推出新系列，尽管这里的大中型家具无法放进购物车内，但若能观察各国设计品牌在日本空间里的新姿态，往往又会感受到不同的生活风景。

南北青山十字路口的徘徊 PLUS

AN INTERIOR WALK in MINAMIAOYAMA

北青山

❶ 

*102

犹如博物馆般的家具展示空间，以代理欧美现代经典家具为主，网罗 15 个国际知名设计品牌，想感受充满现代设计感的生活与工作空间一定要来走走。

❷ 

❸ 

❹ 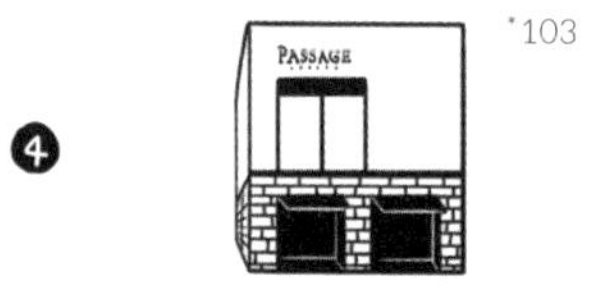

*103

“PASSAGE AOYAMA” 的 M 字路径街区里，散发着浓浓欧风，典雅的路灯和石砖砌成的建筑外壁以及石块地面，营造悠闲的街景。2 楼有间 ARCHITECT CAFÉ 有满满的设计师家具，1 楼还有个保养品牌**北麓草水**，它取富士山下辟园栽种的日本品种的植物为原料，理念和包装都简单优雅。

❺ Lloyd's Antiques

*104

1998 年在东京开设第一间古董家具店，将来自于英国、北欧与欧洲其他国家的造型典雅、质量上佳的老家具经过整理修复后在这里贩售。商品的搜罗年代从十九世纪开始迄今，有从古典到现代、小孩到大人使用的各式家具，也有中小型家具饰品，如宝山的卖店。

❻ sarasa design lab

❼ 

❽ 

❾ 

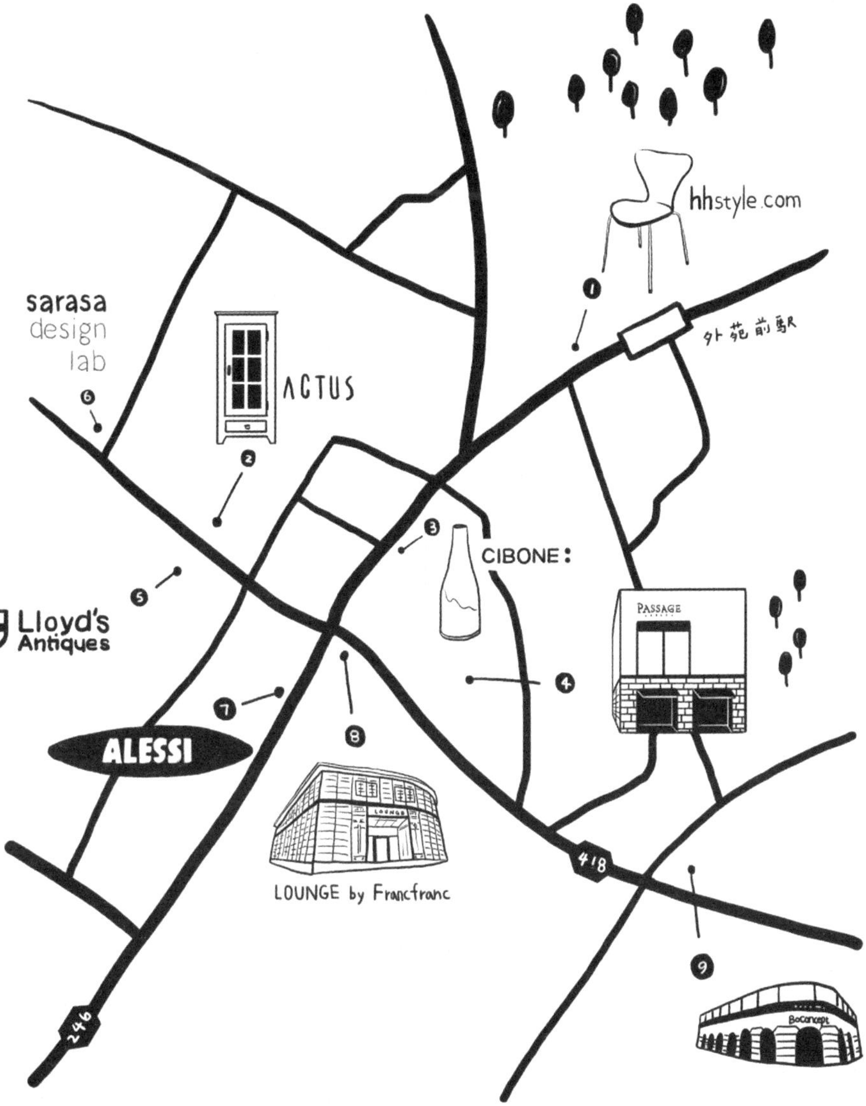
hhstyle.com
1
外苑前駅
sarasa
design
lab
6
ACTUS
2
3
CIBONE
5
Lloyd's
Antiques
4
PASSAGE
7
8
ALESSI
LOUNGE
LOUNGE by Francfranc
418
9
BoConcept
246

北青山
KITA AOYAMA

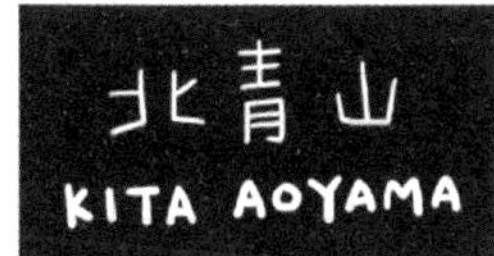

引领优质设计生活的轴线

AXIS BUILDING

六本木

尽管现在东京有越来越多的生活风格概念商店，但六本木的 **AXIS** 仍是我百去不厌的复合式设计大楼，高品味的生活选品、优雅的餐桌道具，舒适宁静又丰富的设计书店、设计企划展览与商店等，就跟 *AXIS* 杂志一样充实着知识与生活。

AXIS 大楼建成于 1981 年，以“生活在设计之中”为概念，写下了日本设计进程的标志事件。4 层楼外加地下 1 楼的空间其实就是不折不扣的 Select Building，有欧洲输入的生活用品、B&O 音响展示店、丹麦的 Louis Poulsen 照明灯具、须藤玲子的 NUNO 布店、LE GARAGE 汽车用品店等 20 个单位空间，其中还包括两间餐厅，其等级档次不在话下，品味更是重点。而在文化面向上，艺廊、设计协会以及 JIDA 设计博物馆也进驻于此，汇集文化与设计于一池。其中 **AXIS** 所直营的设计商店“LIVING MOTIF”与书籍贩售店“BIBLIOPHILE”，像将原本属于杂志的编辑概念，转化成了立体的生活提案，让知性与感性的设计品味走入真实的生活之中。

占据三个楼层的“LIVING MOTIF”生活风格商店，每层楼都有不同的主题概念。例如 1 楼是以“entertaining”为概念，来演绎厨房与卫浴为主的空间属性，而在厨房区的餐具、厨房用品与餐桌家具上，采以现代和风意象来展演用餐风景；清洁保养用品区的香皂、毛巾以及肌肤清洁用品，格外重视原料、触感以及舒缓身心的功能。踏上店内电梯到 2 楼的空间，则以“Work & Private”为主题，汇集德日意为主的精品办公用品，英式商务旅行用具、文具、钟表组与寝具用品，也有 AXIS 自行设计开发的文房具，着重于机能与理性的设计感，无论是家中书房还是办公室内，都将因为这些精致高雅的书房道具而让工作充满优质气氛。

地下 1 楼“BIBLIOPHILE”是一拥有书房般典雅气质的阅读空间，店内在书籍选辑上除有各期 *AXIS* 杂志外，以外文书为大宗，严选从产品、建筑、室内装潢到平面设计等种类的书籍与海报，还有烹饪用具、与生活风格相关的趣味小物及艺术饰品贩售。这里以“Lounge & Create”为主题概念，还有精选的办公生活家具、照明设备，企图把握到不退流行的设计节奏与精准力道，编辑出精准引导现代生活风尚的标准轴线。

大楼的 4 楼还有间“AXIS GALLERY”，是超过 30 年历史的以设计为主的展览与活动空间，从设计新锐到设计大师们，都在强力的展览企划下让展览充满看点，并且每档展场空间皆为展览量身订制，在每年秋天的设计周期间，这里更是不容错过的必看展点。

AXIS / LIVING MOTIF / BIBLIOPHILE

EXHIBITION

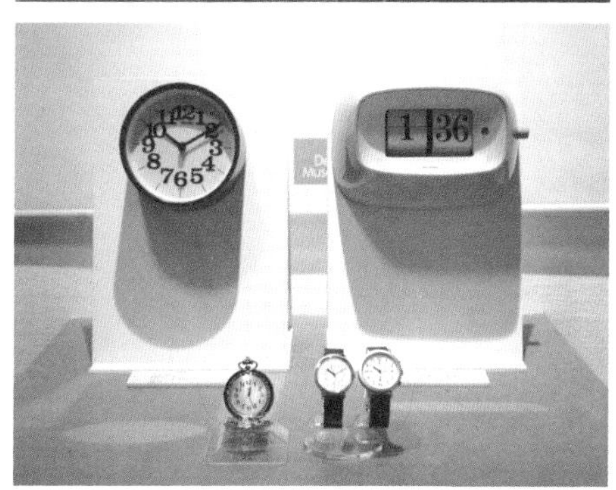

伴随写真的生活景片

IMA CONCEPT STORE

六本木

2014年位于AXIS大楼的3楼，近500平方米的空间进驻了一间崭新的主题商店——IMA CONCEPT STORE。

尽管是在日本，这也是少见的以“写真”为主题的复合空间，这间店是从“伴随着摄影的生活”（Living with photography）的概念出发，店内是结合摄影书籍的贩售、摄影的展览活动，与一间咖啡厅的三合一空间。事实上*IMA*本身就是一本以季刊发行的摄影杂志，每一期都收录10位写真作家的作品，耕耘的是内容与写真作家的关系，此外还有一个线上平台“IMA ONLINE”，作为一个写真信息的交流平台与社群网站，从网上拉近与摄影爱好者的距离，而网

络与杂志所无法触及的部分，就让这间店来补足。因此这里提供了一个可以优雅欣赏、阅读、学习、购买与装饰空间的摄影基地。

书区中无论是少见的大师级限量摄影集还是自费出版的写真作品集都竖立柜上满满可见，数量高达两千本以上；而在书区的尾端就是提供轻食与精品咖啡的“IMAcafé”，并请来三轩茶屋知名的咖啡馆 OBSCURA COFFEE ROASTERS 监制，以自家烘焙的高品质咖啡豆来研磨冲泡出挑剔的好咖啡，并可搭配来自明治神宫前的 REFCTOIRE 面包店里，香气四溢的面包。

至于展览区也不只是悬挂作品的白墙而已，中间还是一面可回转式的展墙，可以依照每回展览的需求来布置展览空间，让经常到此看摄影展的人们，每次看到的不只是不同的作品，还能感受到空间灵活变化的新意。

然而在这理想的概念空间背后，不只是卖书、卖咖啡或是摄影作品，这属于以销售图像、影像版权为主的日本一大影像销售集团，也因此让人对于 IMA 未来的可能性有更多的期待与想象。

东京里的法式情调

LAUDERDALE

六本木

这间餐厅的空间倚着半露天的甲板露台，室内有吧台座亦有餐桌座，在这个落地门窗开敞的穿透空间里，光线充足、花木植栽围绕，可充分感受自然的恩惠，尤其樱花飞舞的春日，像极了美丽的电影场景。

劳德代尔餐厅（lauderdale）有点隐秘，是坐落在Roppongi hills（六本木之丘）けやき坂的一间餐厅，其概念是将佛罗里达面海的罗德岱堡那样的悠闲感觉带进高级又繁华的六本木区，并以法式小馆风格糅合了日本的精巧细腻，从早晨到午夜以前，它供应流着日本血液的法式浪漫情调。

日本人的和谐与精致，从不只是局限在漂亮的室内装潢而已，墙上一顶顶的法国帽子，木柜上一瓶瓶的各色酒瓶，复古皮沙发与木椅，还用累累鲜艳蔬果与花卉，装点了桌上空间，更增添了室内蓬勃生气。漂亮的空间、家具、餐具，当然更少不了漂亮的食物，最令我惊艳的是其中一道“现做鲑鱼香草Soufflé（舒芙蕾）”，又重写了对于Soufflé的味觉记忆，口感由酥到软，并在口中散发着自然的香气与鲜美热气，绝对是一份给人充分满足感的餐点。

从视觉到味觉都充分饱满的餐厅气氛，是我记忆中难忘的味道，在那个午后微凉的季节里，一定再访。

周末的创意薯条选择题

AND THE FRIET

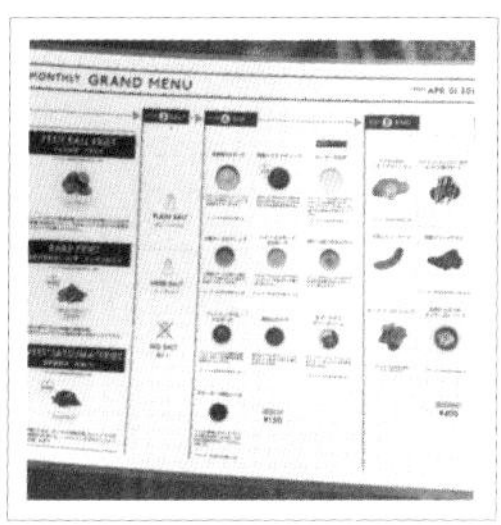

2014 年开设的薯条专卖店，店面很小，外头却总是大排长龙。话说 FRIET 是比利时所谓的“薯条”，在比利时与荷兰，总有不少这种搭配许多酱料吃法的薯条小摊子。

在点餐前需要内心交战如闯关游戏般做出一个个决定。先选盒装或是花束装，并从六个品种的马铃薯中做抉择，以及在六种切法与尺寸间游移，接着有三种盐要挑选，在十种酱汁里寻找自己的喜好，最后再来点鸡块或啤酒。甚至油品也是用棕榈、米与花生混合而成，并用两次不同温度的炸法减少油腻感。

除每个环节都不含糊外，背后还有分工细致的制作团队打造视觉形象，包括产品创意菅野庆太（White Papers）、艺术指导平林奈绪美（PLUG-IN GRAPHIC）、室内设计西条贤（raregem）、插画 Anje Jager、摄影 Martin Holtkamp、网站 SWIM INC. 等，果然是做什么都认真的日本大人态度呀！甚至因为店内空间太小，店家还附地图指引附近可坐着慢食的公园位置。

Toranomon

紧邻六本木的虎の门，由于环状二号线的道路陆续开通，连接了湾岸到都心交通，加上道路开通后整体的都市更新，即便现在是以办公大楼为主的区域，随着 2020 年的奥运与通往未来的概念，也将成为未来五年最耀眼的明星地区。

通往未来——虎の门

TORANOMON HILLS

虎の门

虎の门之丘区域内，椭圆草皮上的是西班牙艺术家 Jaume Plensa 的作品“Root”，采用八种语言文字雕塑出一个抱膝人的形貌。以文字表现出文化的多元与包容并蓄，在 Mori Tower 前更令人感到人类的渺小与谦卑。

命名与由来｜“虎の门”的名称来自于皇居周边的几个城门，此门位于江户城之西，以中国方位说西方属白虎，便称之“虎の门”。尽管虎の门在 1874 年便已拆除，但这个区域名仍被使用迄今。2014 年大型的新商业设施**虎の门之丘**（TORANOMON HILLS）开幕，这不只是全东京第二高的摩天大楼启用（高度达 247 米），更开启了东京向垂直型花园城市发展的崭新时代。

抽象来说，它连接现在到未来；具象地说，这里有条连接都心到湾岸的“环状 2 号线”贯穿“虎の门之丘”地下，这正是大楼开发商森大厦与东京都历经十多年的合作，并为迎接 2020 年的奥运到来的产物，环状 2 号线连接羽田机场到奥运的选手村，更便利了交通。同时，虎の门区域计划成为“亚洲总部特区”，鼓励各企业总部进驻到虎の门地区，活络此一区域，发展出新的城市样貌。

定位｜虎の门之丘的主建筑栋 MORI TOWER 高达 52 层，1 楼到 4 楼是商店街，囊括商店、餐厅、诊所、花店与咖啡厅等，是造访者首先触及的场域；另外还设有可容纳 2000 人以上的会议厅、6 层到 35 层的办公楼层、100 多户的高级住宅，以及居于高楼层的 hyatt 集团旗下的 **Andaz Tokyo** 酒店。而在户外有 6000 平方米的绿地，椭圆广场（OVAL Plaza）更是举办许多户外活动如瑜伽、音乐会等的露天草地空间。

Hello,
Mirai Tokyo!

ART

进入 2 楼大厅，举目可及的是艺术家展望所制作的 *Universe 29* 作品，将大石自 10 米推下撞击形成 423 枚大小不同的石块，并重新制成不锈钢块呈现在壁面的创作，仿佛瞬间凝结的宇宙。

通往办公楼层入口的壁面水平延伸至两边墙面，韩国艺术家 Sun K. Kwak 的作品 *Untying Space* 利用胶带艺术的创作概念，让如黑色油墨般的图案像不规则流动般地延展到壁面、天花板。

ANDAZ TOKYO 1 楼入口处有日本艺术家内海圣史约 30 米长的巨型油画作品《あたらし水》系列，让各种缤纷的油彩颜色如水浪流动般地展延开来，唤起人们对于日本季节色彩变化的感受。

通往 51 楼 ANDAZ TOKYO 的电梯内有永田哲也的作品《自然の上流箱》，制作和果子的木头模型以日本和纸制作，形塑出如鲷鱼、乌龟与宝船等纸制浮雕来欢迎访客，在灯光映照下已跃然纸上。

为每位客人所悉心制作的咖啡。从原来表参道咖啡延伸到这里 2F **TORANOMON KOFFEE**，除复制了方形的空间元素，香醇浓郁的咖啡和充满厚度与层次的奶泡绝非一般连锁店可比拟。

“Hello, Mirai Tokyo” 是步入 TORANOMON HILLS 时，状似哆啦 A 梦的白色 TORANOMON 乘着竹蜻蜓带给我们的讯息，让虎の门之丘仿佛是一扇任意门，可以通往未来，充满无限想象。

位于 3 楼的 THE 3RD 空间里，有贩售 ±0 电器的 **FAMIMA!!** 便利商店，店内以木质地板与苹果绿色让温暖的空间里牵引出明亮的活力，还附带书区 “Books for life”，隔壁还有带入生活风格的 THE 3RD CAFÉ 轻食与有着法国花店血统的 **les mille feuilles de liberte**，在此放送着法式生活风情。另外，1 楼到 4 楼共有十多间主题餐饮空间，着重于风格和氛围，舒适的挑高空间与细致的设计，处处都展现出品味与新意。

ANDAZ TOKYO 旅馆主要在 MORI TOWER 的 47-52 层，是无柜台的新式饭店。其面对新虎通的 1 层 Pastry Shop 法式甜点店，主打九种新鲜水果制成的闪电泡芙 eclairs。这不只是品尝美味下午茶的理想空间，也可以享受充满色彩与优质设计的午后时光，泡芙更是美丽的伴手礼。

此外，对面的 BEBU 的 café，提供精酿啤酒、汉堡与排餐、碳烤料理等，有着讲究却又舒适的用餐空间，可以试试一个悠闲的虎の门户外下午。

虎の门之丘不是一个多么炫目迷人的商场空间，而是面对未来，提出一种舒适便利的环境、自然与生活与人的可能关系，让人们在一个都市更新的进程中可以拥有期待。

对街的 little tokyo（右图），是由一间日本料理店所改成的小书店、café 与活动空间，晚上则是酒吧，空间是由“日本仕事百货”营运，提供都会里的大人们实现在工作以外的梦想的可能性。

新刊
仕事の本
売ってます.
BRUTUS
BACH
OPEN

六本木的土曜日蚤市

HILLS MARCHE in ARK HILLS

六本木一丁目

HILLS MARCHE

在“六本木一丁目”站附近，有一区域是ARK HILLS，属于1986年森大厦最早的一个复合大楼的开发计划，有住宅、商办、电视台、音乐厅与餐厅、商店等，可说是我们现在所熟知的“HILLS”系列的开山祖，其开发花了17年的时间逐步完成。现在ARK HILLS附近邻居有使馆、饭店、高级住宅，还有正持续开发的大楼与区域规划。他们共通的环境特色是都被绿荫所围绕，起伏的地形也引领着不同季节的花园风景，让人们生活在其中可以感受到幸福相伴。

在ARK HILLS里，有一处是“ARK KARAJAN PLAZA”广场，过去常在周末假日利用这个露天的空间举办许多和附近居民有关的活动，像东京设计师周的展览很多次在此举行，也因为这里有电动的遮雨棚，让雨天的活动不会受到任何影响，整体环境因为管理得当，历经30年毫不显露疲态。邻近有许多公园绿地、顶楼花园等，居民在这里度过与自然亲近的悠闲白日。

现在每周六上午十点到下午两点则有高档的“Hills Marché in Ark Hills”市集，有许多经过严选、来自产地直送的野菜蔬果，现做的面包，红酒，果酱，花卉与工艺品等，甚至两边餐厅的主厨也会推出Brunch的套餐，在这里可以享受星期六山丘上的早晨，温馨热闹却不敢喧哗嘈杂，也因车辆少、绿地多，空气更是会少见地澄澈。

《无限》大竹富江，2014
ARK HILLs Sengokuyama
Mori Tower

六本木的街道厨房

'111 | **MARKET**

ARK KITCHEN

六本木一丁目

2014年，在“六本木一丁目”车站出口左转，相对于泉花园（IZUMI GARDEN）大楼位置的新大楼 ARK HILLS SOUTH TOWER，其 B1 层出现了新的餐饮设施 **ARK KITCHEN**。这个名字可以解释为“街的厨房”，其原文是“まち”のキッチン（厨房），名称刻意同时使用平假名与片假名。“まち”换成汉字，有“街”或“町”的意思，有点一语双关，“街”可以指这里的形式“街一般的厨房”；“町”则可以深具信心地号称这里是“这个区域的厨房”。

“街的厨房”出现在车站附近是非常符合需求的做法。除了能满足附近的办公大楼里的上班族们在中午时段得以就近用餐，更重要的是在下

班时就近买些东西回家，或者是居住在附近的外国人与住户们能方便购买食材料理或用餐，解决这个高档小丘上餐饮的问题。不过，**ARK KITCHEN** 和一般车站附近的超市定位不同，一来因为是在高级的六本木，所以质感和创新是基本要求，二来这个"街"的每间店都有主题，三来这个厨房还会出版自家的同名双语刊物，请来了知名的Food styling家野村友里小姐做顾问。

街上的九间店中，**福岛屋**是间占地最大的超市，名称来自会长福岛先生的家姓，超市从日本各地严选当地食材，还有自家制的火腿和面包，更有不少熟食及酒柜。特别的是，超市会测量并标示所贩售水果的甜度与硝态氮的含量。超市的空间由中原慎一郎设计，木头和白色瓷砖，塑造出自然、干净的明亮氛围，甚至开架式矮冰柜的外观也以木头贴皮，协调整体的空间质感。而在超市对面有一间 BE A GOOD NEIGHBOR COFFEE KIOSK ROPPONGI，有选自鹿儿岛的 VOILA 咖啡，使用喜界岛（日本本岛南方、冲绳北方的一个小岛）特产的甜菜糖，并有以特选面粉与新鲜鸡蛋现做的松饼甜点。

此外，还有供应黑毛和牛与熟成牛排的**肉屋格之进 F**、来自大阪的お好み焼き、以珍奶闻名的春水堂以及中国料理与意大利料理等，顶楼有空中花园 SKY PARK 可以走逛歇息，鸟瞰六本木。

Tokyo Market

第一次去市集有点受惊，因为人太多了、东西太杂了，实在很难好好细看。这次我请十年老友毛家骏凭他多年逛市集的经验，挑选四个东京可以去看看的风格市集，我也因此有机会走访其中两个，经验大不同！市集可以集结各地几百间的名店于一地，吃的、看的、买的，还有一群跟你一样品味喜好的人，可以不喧哗，可以悠闲有质感，更是工作之外，生活风格的延伸。

风格市集，东京限定

A WALK in the MARKETS

东京市集

NIWANOWA 通透街道的都市花园

http://niwanowa.info

*112

五六月间

这个市集的副标是“Art & Craft fair · 千叶”，是一个以手作为主的大型市集，创作者则是以与千叶县有地缘关系者为主，地点选在国立历史民俗博物馆旁的佐仓城址公园，特色是在一大片绿草地上搭起一个个白色帐篷，远方还有绿树小山，仿佛世外桃源。手作市集的内容以陶瓷品最多，另外还有玻璃、皮革、金饰、染织布料等艺术作品，食物区有面包、烤 PIZZA、农家饭和印度菜等等，每项规划都不含糊，毛家骏给四颗半星。

Marché aux Puces de Daikanyama 代官山蚤市

http://tsite.jp/daikanyama/

*113

年约两次

大家熟知的茑屋书店 T-SITE 附近有不小的停车场，**代官山蚤の市**就是在这举办，空间虽跟其他大市集比起来迷你许多，但多走精致高雅路线，许多东京的二手古道具店、购来欧洲家具的店家等都会来此参与。尽管一回只有两天，店家也会把咖啡店的道具、家具通通搬来，营造出巴黎市集的气氛。为市集挑选出展者，场地的主人往往扮演了关键的角色，也造就了市集的风格。毛家骏给这个市集四颗星，停留时间两小时。

毛家骏｜时常在这里 负责人 / 空间设计师。生活道具及甜点店“时常在这里”“里长”，不定期在各国城市的巷弄之间，找寻简单、实用、纯粹的好东西与老物件，把这些过去的记忆元素落实在空间设计，塑造出人、物、空间最协调的对谈方式。

在东京，天气好、空气好、食物好、场地舒适漂亮，一个风格市集就令人喜欢了一半！加上来参加的多为风格同好，自然就可以融入其中，甚至跟毛家骏一样“市集上瘾”了！

TOKYO NOMI NO ICHI

http://tokyonominoichi.com

*114

东京蚤の市
大人的生活杂货学堂

年约两次

地点离新宿约一小时车程，在京王多摩川站的“京王阁竞轮场”（自行车场），是一规划周严、规模庞大的生活市集。从主视觉的插画设计、各场地的位置安排，要让来自日本各地近两百个单位，涵括古董杂货、古书、二手衣、美食、工作坊、北欧市集与表演活动等适得其所、精彩流畅地举行，非常惊人，来自各地的卖家、买家，令人眼花缭乱、目不暇接，有时看店主就知道选品风格。毛家骏推荐有四颗半星，去上一整天也不会腻。

FARMER'S MARKET@UNU

http://farmersmarkets.jp

*115

都心里的农夫市集

每周六日

在东京青山的国连大学广场前，每到周六日便会举办农夫市集，来自本地的新鲜蔬菜水果，或制成的渍物、果酱，以兼具美感与配色协调的形态整齐陈列，当面对农友购买时总是充满安心感，更能感受其对自家产品的满意与骄傲。近来“Aoyama Weekly Antique Market”也加入周六的阵容，因此不只满足了口腹之欲，市集里的欧洲古董家具，同时将生活风格延伸到消费者的家中或心中。毛家骏给了农夫市集三颗半星，家具市集则是三颗星。

SHONAN T-SITE

神奈川县立近代美术馆 镰仓馆

THE MUSEUM OF MODERN ART, KAMAKURA

镰 仓

SPOT / 1

1951年开馆，位于鹤冈八幡宫神社境内，是日本最早的公立美术馆。

它更是代表性的现代主义建筑，是象征日本战后复兴的印记，还表现了钢铁建材取得不易的困顿年代。建筑设计出自坂仓准三，外观有如方盒般的主体，并以PILOTIS柱列营造出1楼的通透空间，在视觉上使得建筑仿佛静静漂浮于环绕四周的池面上，令人联想到柯布西耶的Villa Savoy。在此与四季景色相融，呈现出建筑的沉稳内敛与季节变换的动静呼应。展馆封闭于建筑盒内，内部空间则以中庭为中心，采用回廊式的设计，光影随着建筑与水泥栏杆的线条，将空间与地面缓缓地切割分隔，形成静中有动、虚实交错的气氛变化。

走到2楼，有间 rencon café，这里可以啜饮咖啡、感受庭园的季节，也能亲身体验一下丹麦设计师 Arne Jacobsen 的 Series 7 与 Ant 的红色名椅。

走到1楼中庭，在庭中的人形雕塑是知名雕塑家 ISAMU NOGUCHI 依日本传统工艺木偶人形所创作的作品“こけし”，壁面大量采用花纹错落有致的日本大谷石搭配混凝土，融和了传统与现代的意象。户外摆放长条黑色皮革座椅与毫无违和感的烟灰缸，透露了时间留下的经典。随着午后光影交替，在喧闹的观光圣地镰仓，却能拥有平和宁静，最贴近欣赏美术馆之美的一种情绪。

OXYMORON *117

装盛视觉味觉的咖喱饭

SPOT / 2

镰仓站

位于镰仓站附近热闹的小町通上，供应咖喱、蛋糕、咖啡与茶，此外这里挑选贩售的生活道具杂货也十分吸睛，特别是装盛咖喱饭的盘碗器皿，都来自于“Yumiko Iihoshi”的陶作，还有伊藤环的珐琅釉灯罩，深绿色调蔓延全店，颇有种道具屋里深邃内敛又质朴的味道。店内有一隅是“食器棚”，由二子玉川的生活名店 **KOHORO** 主理，少不了 Yumiko Iihoshi 沉稳又细致的陶器、漆器与服饰等，食物与器物都值得细细品味。

STARBUCKS COFFEE *118

连锁不复制的咖啡时间

SPOT / 3

镰仓站

日本有几间星巴克是很不一样的“特别店”，其中距离镰仓车站约 5 分钟脚程的镰仓御成町店，是由日本漫画家横山隆一的旧宅所改建，单层楼的结构保留了老房子的味道，室内还挂了横山的“フクちゃん”四格漫画。白天时，宽敞的室内能望远山，室外庭园露台的甲板座席，也保留了过去泳池的一抹蓝色，还留下了藤棚上依时节成串绽放的花朵。桌子、椅子、地板、建筑，全是温暖的木质感，给人不同于城市的咖啡体验。

RICHARD LE BOULANGER ·119

超乎常理的美味面包

SPOT / 4

稻村ケ崎

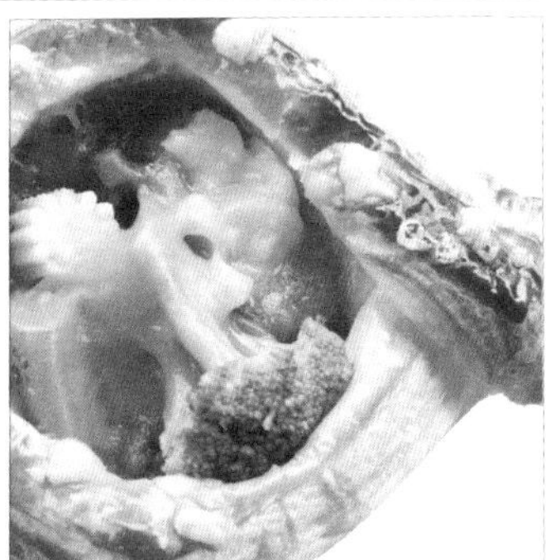

位于江ノ电的“稻村ケ崎”站，木造的面包店外观，流露出夏威夷的悠闲风情，店家是因为喜欢冲浪所以搬到这里。店内的面包种类很多，都是使用法国、德国的进口面粉和自家制天然酵母做成的手工面包，只要咬下一口就会令人感到大大惊艳，还有些刻意包上保鲜膜的面包，外观看来普通，但当宵夜食用时，竟然酥脆得令人不敢相信！

店内并附设CAFÉ，为了这样美味的面包，我想下次还可以专程过来一趟！

bills ·120

海边悠闲的松饼早餐

SPOT / 5

七里ケ浜

来自澳洲的餐厅，在2008年第一次登陆日本。号称“世界第一早餐”，是学艺术的Bill Granger先生1993年在悉尼开办，使澳洲的早餐文化成为餐桌上的创意，无论分量和味道都令人惊艳。

镰仓店在空间设计与家具挑选上由日本的TRANSIT GENERAL OFFICE 精心规划，在明亮的室内空间，窝在沙发或是SWAN椅上，都可以感受这里专属的悠闲时光，只是进入前总是需要耐心排队等候，为了这得来不易的澳洲风味。

湘南海岸的阅读生活，一日中

SHONAN T-SITE

镰 仓

SPOT / 6

有了代官山 T-SITE 与茑屋书店的成功经验，2014 年底于湘南再开办崭新的 **SHONAN T-SITE**，为湘南海岸注入书香与优质的生活风格。然而，湘南 T-SITE 进驻于此也由于附近“藤泽 SST”（Fujisawa Sustainable Smart Town）是一个占地 19 万平方米、400 户的大型造街计划，距离东京约 1 小时左右的车程，却能拥有更舒适宽敞的生活环境。

SHONAN T-SITE 在此有三栋白色的主体建筑，除了 1 楼皆以**茑屋书店**为最主要空间，另共有 30 间生活风格商店与餐厅等，其店家的性格、目标族群与代官山店有所不同，最为突出的是这里更为宽敞，并洋溢着惬意度假的气氛，稍微不加注意，会从白天流连到晚上，想象自己居住于此，享受充实而幸福满溢的湘南慢时光。

一号馆 | 以“Entertainment”为主题，有条宽 8 米、长达 120 米贯通前后的杂志街，包含旅行、生活、设计、料理、户外运动、人文、商业与儿童等类的书籍与杂志，另外有上质文房具店“Touch & Flow”、宠物店“Green Dog”与北村写真店、星巴克咖啡等，2 楼则有多功能的 Lounge 空间、Apple 展售店、有整面书墙的美发沙龙及来自浅草藏前的设计杂货商店“KONCET”，有着年轻又结合生活的设计选品。

二号馆 | 以缓慢的“FOOD / LIFE”为概念，从当地食材的贩售、自然栽培的野菜供应到食器餐具、CAFÉ、餐厅、与饮食相关的书籍、食谱等，此外像“釜浅商店”、“CLASKA Gallery & Shop‘Do’”、“ISETAN MiRROR Make & Cosmetics”、结合和果子与生活道具的“菜の花”等，都是新进驻的名店或新形态店铺。

三号馆 | 以“亲子”为空间主题，包括保育、学前教育品牌“Kids Duo”，绘本角落书店及教育玩具品牌“BorneLund Corner”、家庭餐厅“WIRED KITECHEN”，也有料理教室“T-SITE 湘南料理塾”，另一部分为 Fujisawa SST SQUARE 街区管理的办公室与艺廊、活动中心、生活教室等。

不同于都会区的湘南 T-SITE，这里与当地人的生活和消费有更紧密的结合，像户外的 300 个停车位停车场也可以在假日成为湘南蚤の市，美好生活的想象在这里激发出更多的灵感与未来可能性。

款待耳朵的大人设计秘旅

SCAPES THE SUITE

镰 仓

SPOT / 7

有时旅行是因为想去感受一家极富设计质感的旅馆，衍生出成串的周边旅游路线；有时发现一家旅馆不是来自旅游指南，而是来自书架上的那本 *Sign Design Book*。我因此规划了一趟镰仓旅行，重点是当晚所入住的 **SCAPES THE SUITE** 旅馆。

这间旅馆位于神奈川县三浦半岛上的叶山，临相模湾的森户海岸，以距离来说，离旅馆最近的逗子车站与镰仓站只有一站之遥；从时程来说，到东京约莫一小时的光景，也就是说花 60 分钟就得以远离都会的尘嚣，感受漫步后院沙滩的悠闲，或从房间的阳台上，就能远眺江之岛与富士山，充分体会所谓大人式的“ESCAPE”。

其实，“颜色”是第一个引我到此的原因。它定位为“All suite hotel”（全套房饭店，每间皆有客厅），共四种房型，实际上也只有四个房间。因此房号丝毫不重要，因为留美的视觉设计师美泽修从叶山的自然环境借景，用天空的蔚蓝打造了名为“Saxe Blue”的蓝色房间；随着旭日到夕照的光线辉映，而有了“Mandarin Orange”以橘黄为基调的温暖房间；海水的深浅成为“Ever Green”房间的灵感来源；让人感到沉静的赤红，是名为“Maple Rose”的房间主色调。美泽修在用色的同时，呼应着被海洋、森林与自然围绕的旅馆环境，纷呈出四种不同色彩氛围的空间景致，想以设计的巧思来款待、环抱入住的旅客。

旅店尽管以“compact design hotel”为概念，但并未过多强调设计家具或元素，而是搭配出一种浑然天成的感觉，让“设计”不反客为主，而是“为了表现情绪”的一种风格媒介，不卖弄、不矫饰、不过多地凿斧，着重简单的设计品味。即便色彩是要角，却能缤纷不喧哗，还是情绪的催化剂，彼此间的搭配与渐层的高明运用，提点出各空间主题，让情绪在起伏摆荡中沉醉。

美丽的旅馆，款待住客的就不只视觉而已。特别是旅馆每晚只接待四组宾客，既能周到也保有私密，空间使用上充分展现余裕，是能让人不知觉地沉稳下来的私密度假基地。也由于旅馆坐落在静谧的住宅区里，到了夜里，唯一能听到的只是阵阵袭来的海潮声，当紧闭窗户，宁静之外，其实还有个惊喜，令其他旅馆无法望其项背。

SCAPES

SCAPES THE SUITE

镰仓

除了有坐揽旭日的阳台，观看潮汐拍打岸边的景致，潮声起落外，听见好声音，正是我入住Saxe Blue房间的最大惊喜。

在这最大的房型里，配备了无论是设计品味与品牌创新都堪称业界顶级的丹麦Bang & Olufsen音响品牌的视听组合，从超高画质的电视到音响组合，从客厅到卧房，甚至洗手台到厕所，都配备同系列的音响，简约利落的造型外观本身就是艺术，并且仅以一只遥控器便能掌握全室，益显其人性化的便利设计，无论走到哪里，高质感的音乐都会无死角地同步播放、无接缝地源源不绝输送，这也是北欧生活品味的延伸。格外让我兴奋的是，当接上我的iPhone后，开始播放出我熟悉的歌曲，完美的声音，从音响窜动出来，传递着从未有过的撼动，仿佛初次听见般地令我倍感惊艳！

不知觉中，竟就被声音囚禁在房里一整个夜晚，丝毫未想踏出房门。原来，从大学时期认识这个用平面设计打造音响造型的品牌，到了解、体验以至于真正领会，竟如一段唯有开始出发方能到达的漫漫时间之旅。尽管现在客房内的声音旅行早已结束，但绕梁的余音总还是不绝于耳。

在声音的体验之外，原本打算次日依旅馆建议租借馆内的单车与运动装备到附近海边骑行，却遇上了连日阴雨天，让人专注在旅馆房内的五感体验，在视觉与听觉之外，雨后嗅到的清新空气，或是顶楼露天按摩浴缸里拍打肌肤刚刚好的触感，都留下了深刻的身体记忆。还有令人难忘的是，服务人员在隔天送来了一个信封，上头写着：

Dear Mr. Wu,

It is cloudy today, I present these pictures to you. These pictures are all taken at SCAPES! You can see Mt. Fuji. And Library has lots of books about DESIGN. If you have time, I recommend you to visit!

信件夹带着特别打印出来的，在这里晴天可以清晰见到的日出海上美景照片，慰藉了我待在雨天里的遗憾。

about BOOKS

在这家2014年获得米其林红四评等的旅馆，能让人充分放松的地方，除建筑后方绵延的海浪拍打的沙滩外，还有位于顶楼可以看见富士山的透明按摩浴池。

如果安静知性一点的，就一定会选择2楼沙发图书区Library，最早是由东京有名的独立书店Utrecht为其选书，专挑艺术设计类书，当时让我重温了学生时代那本绝版的*Design Now*原文书。

今年则由BACH幅允孝进行选书规划，以“叶山的余白”为主题，从自然、旅行、食物等范畴选书。

最后是，
用音乐回忆一个旅馆的夜晚。

开放式厨房的设置需要十分经得起检视与考验。从厨师料理时的表情举止、服装的清洁感，料理厨具的选用、摆放与吊挂、使用习惯，整体的视觉配置、色彩搭配与照明设计，都毫不遮掩地一一对外开放，成为用餐中一面令人期待的动态景致。

SCAPES THE SUITE

舌尖上的幸福是这里的另一段惊喜，迎宾的香槟只是序曲，还有拥有地利优势的本地食材与当令海鲜。在 1 楼法式餐厅里所成就的不仅仅是叶山的鲜鱼海鲜和野菜交织出的味觉的高潮迭起，看着安排妥适的开放式厨房，也是丰富的视觉享受。

神奈川县立近代美术馆 叶山馆

HAYAMAKAN

镰 仓

SPOT / 8

镰仓向三浦半岛南行，途经另一**神奈川县立近代美术馆·**叶山馆也有不同的美术馆风景。

2003 年完工启用的**神奈川县立近代美术馆 叶山馆**，在空间和设备上完备了镰仓馆机能，外观像是白色方块积木般的堆叠，两座 L 形的建筑围绕出一方宽敞的中庭与入口处，建筑本身的位置就刚好是依山傍海，远眺相模湾。而建筑本身的高度为不破坏自然景观，限制在 10 米以下，外墙以白色花岗石砌成，更显简洁利落。美术馆则以“光”与“保存”作为主题，除户外的山光波光外，室内展示厅更采以自然光的照明，让展厅既明亮又辉映出纯白洁净的展示空间。当坐在向海延伸的长廊咖啡厅里，更能感受人与天然的艺术在此交会。

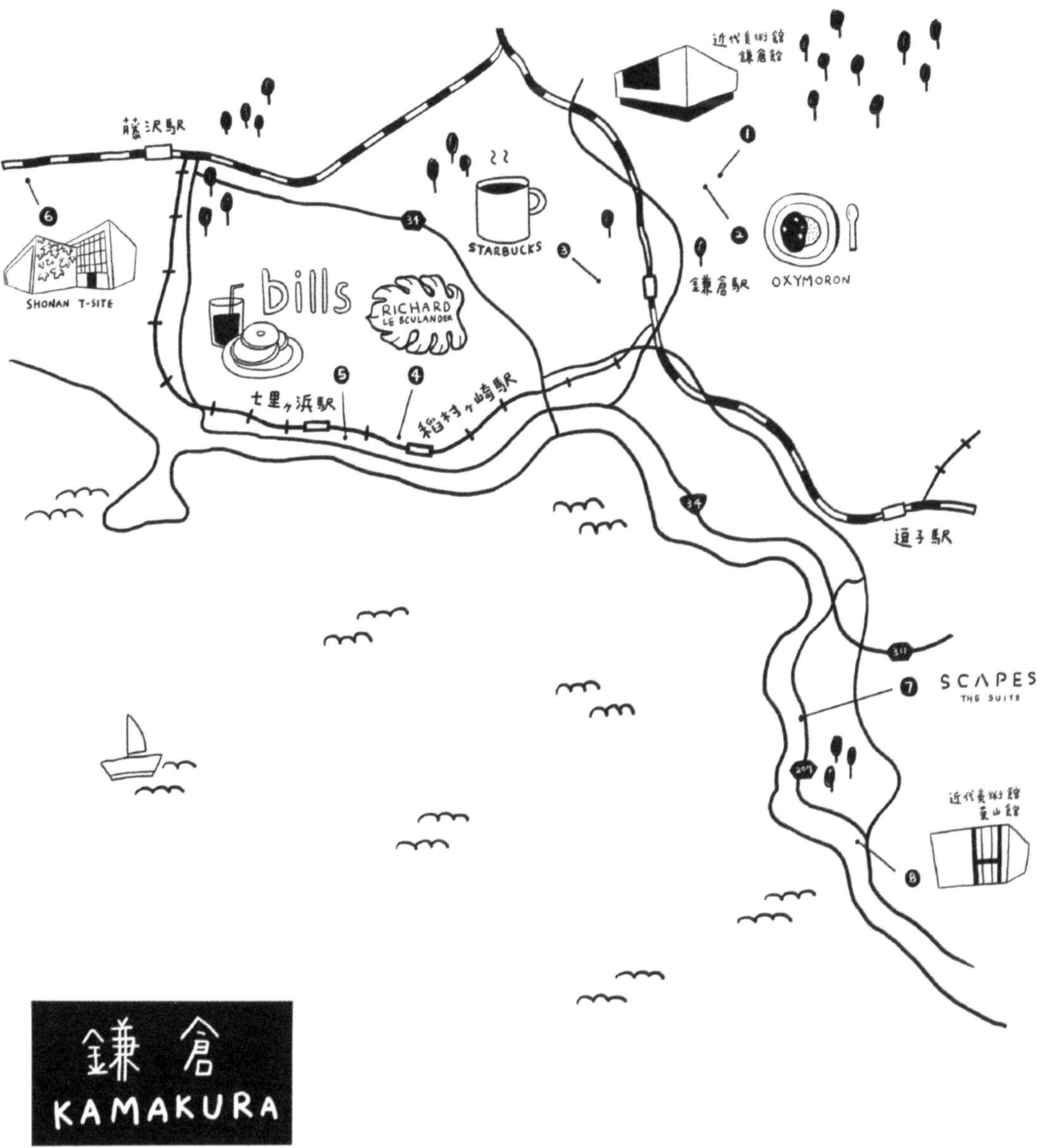
近代美術館
鎌倉館
藤沢駅
1
2
3
4
5
6
7
8
34
311
207
STARBUCKS
OXYMORON
鎌倉駅
SHONAN T-SITE
bills
RICHARD
LE BCULANDER
七里ヶ浜駅
稲村ヶ崎駅
逗子駅
SCAPES
THE SUITE
近代美術館
葉山館
鎌倉
KAMAKURA

东京永远有各式各样新的理由让你想去造访，无论是单纯的季节美景，还是不用担心霾害污染、食安危机，乃至观察全球竞争力城市，再简单一点：幸福城市。食·衣·住·游各个面向都可能让你在这个城市里遇见、感受或期待收获幸福感，于是，我们永远有订机票的冲动，寻找或许未知、但总是美好的体验。

More Reasons to Visit Tokyo...

大人也要尢尢尢，走入漫画格子的实体美术馆

FUJIKO · F · FUJIO MUSEUM

川崎市

1970 年起开始在日本杂志上刊载的《哆啦 A 梦》，里面的每个故事、不思议的道具，以及拥抱未来的梦想，都曾伴随很多人成长并激发出了绝妙的点子与灵感，甚至在 40 多年后的今天，漫画里很多对未来生活场景的假想都一一成真了，不禁令人感佩作者藤子 · F · 不二雄超人的远见智慧与生活幽默感。

2011 年 9 月 3 日，是哆啦 A 梦出生前的 101 年，位于川崎市的**藤子 · F · 不二雄 MUSEUM** 开幕了！之所以选在川崎市，是因为这位 1933 年出生，本名为藤本弘的藤子 · F · 不二雄，自婚后 1961 年开始搬到这里居住、创作，一直到 1996 年辞世前仍居住在此地。

搭电车从“新宿”到“向ヶ丘乐园站”约 20 分钟，从南口沿着伴有花园般的府中街道步行 15 分钟，沿路还会看到穿插的公仔指示标，不知不觉间就可望见对面山丘上矗立着有一大面窗户的方形建筑。之所以是这样方正、几何分割的窗框，其实就是要传达纸上漫画格转变为立体空间那样的隐喻。这不是主题公园也非游乐园，而是以“藤子 · F · 不二雄”为名的博物馆，带着现代又有些奇幻，甚至科技的感觉，同时富有教育意义、知识创意与悠闲、幽默，一切都从藤子·F 的创作出发。从进门接待柜台后一大面挑高墙“笑いの壁”可以看到其创作的各个角色跃出画框的笑脸浮雕，这是来自于藤子夫人的创意，接着进入有不同年代、主题的线 / 色稿原画作品的展示室，包括藤子 · F 在生前留下的近五万枚原画作品，皆为经过涂涂改改、注记，甚至立可白修正后泛黄褶皱的稿子，也记录了藤子 · F 创作岁月的痕迹与温度。

“画漫画的我画得开心，阅读的人也读得开心，这样的漫画一直都是我的理想。”展示室的入口处写着藤子 · F · 不二雄的话。

“先生の部屋”展区有超过一万册书籍，是藤子 · F 书房的再现，桌上可以看到恐龙模型、茶杯还有各种参考图鉴。另外还有亲子互动的室内游戏区、可以阅读整套漫画的“漫画角落”，等到进入“F theater”影院看完影片后，一个神秘的机关将会带领你由室内进入户外漫画场景。

可见躺在草地上的小超人帕门、漫画场景里常见的家附近的水泥管、大型的哆啦 A 梦、妹妹哆啦美、水井里的胖虎、让人充满童趣梦想的任意门、“如果”电话亭，以及电影中的大雄与恐龙哔之助等等，每个都是人气爆表的摄影热门景点；更因为博物馆本身就在山边，户外地势起伏，还能感受到身在山中，丛林围绕的气氛，如果仔细往山中树丛里看，还有许多故事角色藏匿其间，仿若自己进入了一格漫画里。

あぶないから のぼらないでね

川崎市 藤子・F・不二雄ミュージアム
FUJIKO · F · FUJIO MUSEUM

川崎市

阅读、观看、玩赏之外，馆内的标识系统也有充满幽默趣味的实用性，精心设计的可爱的馆内指示标不时出现在眼前，像洗手间是大雄匆忙奔跑的图案、男厕的“一步往前”搭配着大雄睡梦中的漫画图示，而“STAFF ONLY”当然是充满霸气的胖虎坐镇，最有趣的是，“场内禁止老鼠！”这些巧思让每位看过漫画的读者都感到非常熟悉，“静香！”“小夫！”就是那个！那个！大家的童年记忆在此重现。

仅次于人潮爆满的最后一站礼品店的，就属要久候排队的Museum Café。光看食物的设计摆盘就让人不禁莞尔并跃跃欲试。像是用小夫那种不可能出现在现实里的侧面锯形头发所做成的巧克力蛋糕，吃掉时或许可以弭除心中的一些不平之气；至于哆啦A梦耳朵的海绵蛋糕，虽然让人吃的时候有点罪恶，却更是人气商品，此外，还有必买的铜锣烧、记忆土司等，都让人食指大动，让食物与人家共享的漫画情节相联结，算是令我印象最深刻、也最成功的博物馆商品设计吧！

在十多年之后，藤子·F还是持续启发着我们的想象力，故事的温馨感也仍是满溢着的。如果可以有一件哆啦A梦口袋里的宝物，你最想要的是什么？我最想拥有的，是一把可以制造空间的美工刀，只要在墙上挖出一个方形，撕开后就是另一个可以无限延伸的静谧空间了！

FUJIKO · F · FUJIO MUSEUM

相对于室内展馆的静态与拘谨，户外更容易让人放松而笑逐颜开。这仿如从电影里面走出来的恐龙哔之助，以后山为背景，前方有小池，要不是还有栏杆围起，一定会忍不住爬上去。

突然拜访大建筑家之家

EDO-TOKYO OPEN AIR ARCHITECTURAL MUSEUM

小金井

窥看建筑师的家是件有趣的事，因为应该不会有偷工减料、便宜行事，更可以在自住建筑里看到很多热情、抱负与理想，感受创作中的原汁原味。

位于东京最大公园“小金井公园”内的**江户东京建筑园**里，展示着从江户时代到昭和初期（1600-1940年代）共计30栋被复原的历史建筑。这些建筑包括不同年代、不同形式，有砖造、木造或水泥结构，也有农舍、洋楼住宅、澡堂、旅馆、店铺街的居酒屋、杂货店与花店等建筑用途，它们之所以能够在此共聚一起，是由于原本所在的建筑用地因都市规划无法留存等问题，但建筑本身又具有很高的文化保存价值，因此统一都被迁移至此维护、保存与展示。虽然离开所属地的建筑少了与环境历史的对话关系，但为了让都市持续向前发展又能存留文化遗产，这亦是一种权宜之计。

占地有7万平方米的建筑园中的30栋建筑里，最令我感到惊艳且流连忘返的非建筑师前川国男的宅邸莫属了！前川国男（1905-1986）是日本建筑史上一位重要的建筑师，他在1928年于东京帝国大学建筑系毕业后赴法国发展，在现代主义建筑大师柯布西耶手下工作两年的时间。回到日本后，推动日本的现代主义建筑，包括东京文化会馆（1961）、东京都美术馆（1975）等都是前川最具代表性的建筑作品。

这栋原本兴建于1942年，位于品川大崎的私宅，兴建年代因属大战期间，有建造不得超过100平方米的建筑法规，因此占地面积约94平方米，又因战时资源有限，难以采用现代主义的钢筋混凝土建材，于是设计出有砖瓦屋顶的两层木造建筑结构空间。在内部的隔间则是以客厅（沙龙）为中心，做出一边是入口旁的管家房与书房，一边是卧房与厨房，房间与房间之间各有两套西式白色卫浴的对称格局。前川在建造后三年都居住于此；后来因在银座的事务所遭空袭被烧毁，而将办公室搬回至自宅，同年结婚，因此房子既是办公室也是居家空间。直到1954年四谷的事务所空间完成后，这里才重回单纯的住所之用。

这里外表看是传统的日式建筑，内部却非常现代！有挑高的空间，2楼也采用与LOFT相似的空间设计，以现在的说法，应该可以说是“楼中楼”的设计。同时还有整面的窗墙，包含纸拉门与木框格栅的玻璃窗，使得采光明亮而且空间通透，外头还有可供休憩的门廊，是一传统建筑与现代风格完美契合的所谓“和洋折中住宅”。1973年建筑被解体后，这些建材被保留到轻井泽的别庄，并在1996年复原回1953年改装前的样貌。

除了格局、细节，我对于里头放置的现代家具座椅与灯饰都兴味盎然细细品味，因此忍着夏日猖狂的蚊子在前川先生家做客，留到闭园为止……

学习现代主义建筑的前川，其宅邸建筑是两层的木造结构，其外观的设计被认为撷取了“伊势神宫”的中央圆柱支撑屋顶的设计样貌，而屋瓦下的“破风板”也同样是走神宫的风格。

若是仔细看室内的部分，1楼吊灯下的餐桌是特殊的梯形设计。而天花板上摆放圆盘的玻璃展示柜共有六个，在整个挑高空间中交错陈列，有画龙点睛之效，取放物品则是在2楼。

KUNIO MAYEKAWA

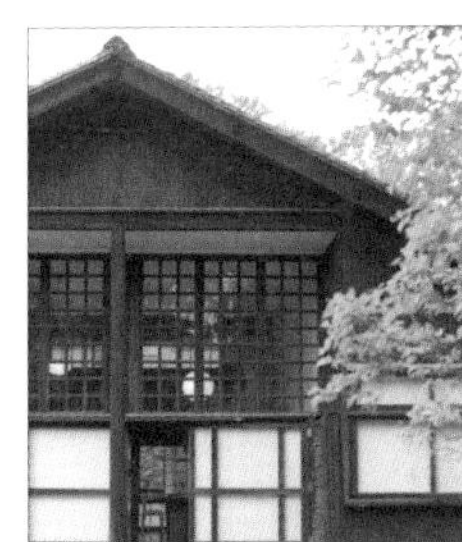

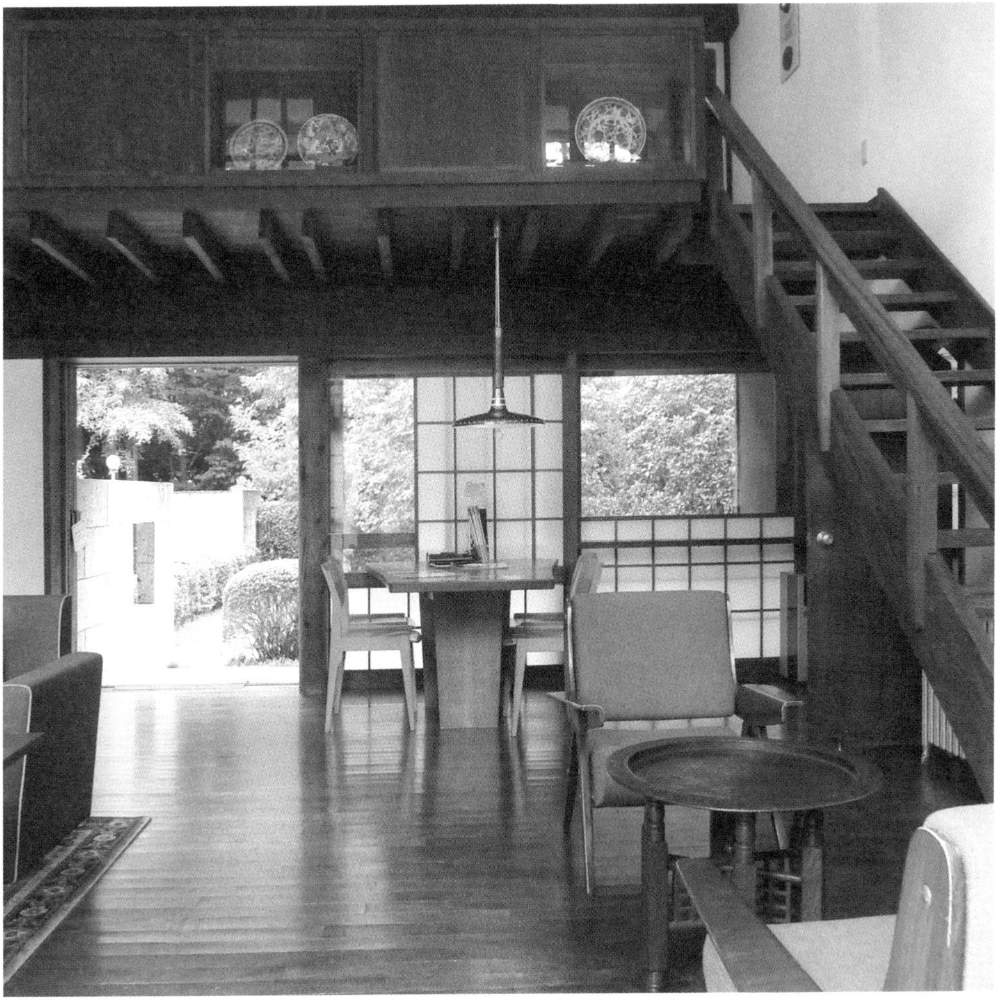

办公室不止办公事

SHIBAURA HOUSE

芝 浦

东京的有趣空间，不止于市中心或是商业设施。位于东京湾的芝浦，其实不会是观光客的首选地区，因为这里多是办公大楼，熙来攘往的也都是黑衣黑裤的上班族群，看似无趣的地区，其实有些杂货小店、餐厅颇具趣味，及至2011年，有了一栋名为**芝浦住宅**（SHIBAURA HOUSE）的看似轻盈的建筑，让这里显得不大一样了。

从白色的钢骨、玻璃帷幕与大片铁网形成通透的视线空间，并不难分辨这是妹岛和世鲜明的建筑风格，轻盈又现代的风格在这里反而显得有点张扬、独特。这样一栋五层建筑，其中有许多半开放、全开放与户外空间的设计，2楼往3楼的半露天旋转楼梯、室内转角都能发现空间的表情，甚至在被称为“bird room”像是鸽子笼的5

INSIDE — SHIBAURA HOUSE

楼，透过落地窗与落地铁网，也是一个眺望周遭视野辽阔的高点。不只是这栋建筑所显示的多面风格，甚至在用途方面的设计也都创造出一种都会里的社区形态。

SHIBAURA HOUSE 目前是一间广告公司进驻的办公室建筑，而广告公司本身也是这个空间的经营者，他们不只是在这个很亮而且几乎鲜有遮蔽物的楼内办公，更持续在这里的不同楼层空间里举办许多不同的活动，workshop、展览与讲座等。

尤其 1 楼是个平日全对外开放的空间，任凭在此约会、上网、阅读乃至品饮咖啡等，有时也会作为料理教室、语言学习与各种展览的空间使用，而空间也都能被有秩序地善待着，甚至还有不同楼层的场地提供租借，像是太极拳活动、论坛与不定期的非营利组织聚会等，也都一一活化也软化了这个原本严肃而紧张的芝浦地区，建构了一个难得的社区空间，更借此达到与人们之间频繁的交流互动。

我瞥见室内一隅，因为原设计的反射窗、纱帘实不足以遮挡无比通透明亮的办公空间，而采用了特殊的帷幕隔屏，甚至还有室内阳伞的出现，作为办公室，究竟适不适当，就像女生的高跟鞋，其迷人而无可抵挡之处，早就超越了实用主义。

小资族的设计旅店选择题

GRANBELL HOTEL SHINJUKU

东新宿

所谓“设计旅店”必然讲究设计的质感与气氛，却不必然是所费不赀、令一般人敬而远之的价位，即便是一般商务旅馆的价位，也可以有设计旅馆的品味选择。

2014年开业的Shinjuku Granbell Hotel东新宿店，可说是granbell系列的旗舰店，17层楼的新建筑、380个房间，还获得2015米其林黑2的肯定。其距离东新宿车站颇近，位处半商半住区，邻近有便利商店和超市，搭电车至涩谷、新宿三丁目、明治神宫前或新大久保站都不麻烦。

旅馆的最大特色应算是客房设计，网罗了来自美国、意大利、中国香港、中国台湾与日本等的21组设计团队，阵容庞大。房客可以通过上网预定选择喜欢的设计师，在其设计的房间入住，价格自13000日元的基本房型至150000日元的高楼层设计房型不等，还包括有趣的Loft room，executive room和suite room。除了空间上有海纳百川的设计特色外，房间内的BGM（背景音乐）设计，让人颇有在夜店随着电音节奏跃动的情绪。

入住那回挑选了一间附有户外庭院阳台的VILLA LOFT房，加上LOFT空间，住上四个人也不见拥挤。房间的设计是来自大阪graf设计团队的服部滋树与负责地景设计的长滨伸贵，床前一幅超现实的写真作品是来自摄影家下村康典。而床的正上方有个大吊灯镇住整个空间，灯罩还有面反射镜可以反射出自己睡觉的模样，在不被吓到的前提下，是很幽默的设计。户外有甲板庭院，在白天天气好的时候可以在这里日光浴，晚上和朋友们聊天吃宵夜十分惬意！

对于有较高预算者还可试试有高楼视野的17楼四款不同房型，华丽、神秘、高档和利落的舒适，或是多种风格的行政房，房间丰富又独特的配置与创意气质，是绝对无法复制的宿泊体验，只不过因为过于舒服而熟睡的话，会不会又少了感受的时光呢？这里每款房间都有各自的空间情绪，而20多个设计团队，便塑造出20多种深刻丰富的居住经验，总是让人想再来试试！

另一间位于赤坂见附的Granbell，该区多以企业和公家机关为主，鲜少观光客造访此区域，但离青山一丁目、表参道、新宿三丁目、六本木等，车程都在三站以内，甚至从东京车站搭来也无需转车，交通便利毋庸置疑，颇具地利之便。

空间机能偏向于商务旅馆，设计上则与涩谷店一样同是由设计CLASKA的UDS（Urban Design System）设计，一样是呼应街区文化的设计手法。外观是有如折纸般的立面，在馆内采用不俗艳也不诡谲的紫罗兰般略带中性的暖紫色调，传递的概念是：性感、时尚还带着高端的都会气息，是以讲究设计与大人品味的三四十岁商务客层为目标族群。

赤坂见附的房间从最小的四坪单人房到楼中楼皆有。视觉上多采以单色的影像贴图，典雅沉稳，家具与室内散发的质感也优于绝大多数的商务饭店，深沉木头搭配紫色，神秘时尚感油然而生。

SHINJUKU / AKASAKA MITSUKE

运河边的上质慢生活

SLOW HOUSE

天王洲アイル

如果你要搭 monorail 往羽田机场离去，最难割舍的就是位于“天王洲アイル”站仓库区 BOND ST.、ACTUS 集团旗下 SLOW HOUSE 生活风格旗舰店。

继大阪梅田店后，2014 年春天于东京湾内、运河水岸的仓库区设店，保留了原本仓库的骨架，两层楼的挑高与宽敞、自然光线照明充足的空间，是一个可以充分、缓慢享受空间和选品的地方。

以“惜物的生活”（丁宁な暮らし）为展店概念，店内一大支柱品牌是首度引进的波特兰季刊 *KINFOLK* 创意指导 Nathan Williams 严选的日常生活风格品牌“Ouur by KINFOLK”，以“ありのままの、美しいくらし”为品牌概念，包括服饰与生活杂货，这个区域的商品搭配起来就是整个杂志封面般的恬适氛围。

此外，店内还有家具、杂货、服饰、植物、艺术品、食物、身体保养品等，网罗有德国 REDECKER 的刷子、今治毛巾、鹿儿岛木工家具、大阪玻璃工艺家辻野刚作品，还有搜罗了意大利 CULTI、法国 Mad et Len、ALIXX 蜡烛等的香氛 Bar，其中还有一大特色是纽约 GREEN FINGERS 的川本谕为该店设计策划的“KNOCK”室内植物店，其中有现在最流行的玻璃瓶盆栽（terrarium）。

更不要错过味蕾的体验，这里有提供高级鱼子酱及少见的以鹿肉、山猪肉为特色的野味料理（gibier）的“SOHOLM”餐厅，并有自家制的熟成火腿、培根等肉类干制品（Charcuterie），洋溢着北欧家庭料理般的食感，食物风格与空间同等迷人。

INSIDE

SLOW HOUSE

SLOW
HOUSE

Omiyage Selects

东京伴手礼

3

组木细工｜由山中组木工房第五代传人制作的木工艺品，以多种木料榫接方式组构，此款是中间有红球的传统箱根组木，拆解后需面对无法组回的风险。

1

南部铁器 Nanbu Tekki 鸟｜南部铁器制品厚实稳重的质感，一向受人喜好。这件“鸟”的铁器工艺品，是专做铁器工艺的“釜定”老铺第三代传人宫伸穗的作品，简单抽象的线条将现代设计语汇和传统工艺做了完美的融合。

2

KAMI｜由大治将典（Oji & Design）设计、北海道旭川市的高桥工艺独家的多道技术，制作出杯壁可薄至 2mm 的木杯，外形格外优雅细致，木头纹理也纤细自然，握在手上更感温润。

4

KABUKI FACE PACK｜2008年 TOKYO MIDTOWN AWARD 脱颖而出的作品，将歌舞伎剧中角色做成面膜，把传统文化、实用性、伴手礼与趣味性结合一起，是目前日本最热的人气商品，并且趁胜推出动物面膜，应该不会褪色。

5

ALBA SEIKO RIKI WATANABE｜日本设计师渡边力与 SEIKO 合作所推出的“RIKI WATANABE COLLECTION”系列。这款儿童表以“留给下一代的好东西”为概念，表带特别使用不易产生过敏的塑胶素材，表面设计就如渡边力的壁钟缩小版，独树一帜。

6

庖丁工房｜老店 TADAFUSA 与柴田文江设计师合作，设计出“女性也想使用的刀具”，以不锈钢与 SLD 钢材打造的刀形完美，用抗菌炭化木制的刀柄也实用温润，这基本的三件里首推中间的“三德”万能刀。

7

THE GLASS ｜艺术指导水野学创立的生活品牌“THE”的玻璃杯，厚度适中，耐热度高，此款玻璃杯的容量以 STARBUCKS 的杯子来做标准，一般咖啡上瘾者对于这样大中小的生活量度肯定熟悉。

10

Syuro 角罐｜台东区杂货名店用马口铁所制作的角盒，造型简单、尺寸从名片大小到 A4 纸大小，多用途并保留了制作手感。

8

TORAYA TOKYO 东京车站店在视觉上与法国设计师 Philippe Weisbecker 合作，将他画笔下的东京车站，呈现在店内墙上海报与店内限定贩售的羊羹包装上，精美得令人想收藏。

11

黑柄餐具｜柳宗理于 1982 年设计、Martian 制作，手柄是用桦木层层压制的强化木，不锈钢与木质的无段差完美接合与前薄后厚的不锈钢部分是手工的精华。以及 2000 年设计的布料 YANAGI SHOP 限定版。

9

白山陶器｜陶瓷制作的白色水杯，放在室内就像是艺术藏品，也因为陶瓷的纤细脆弱，让人使用起来不自觉地放缓动作，优雅起来。

illustration by

Live true to yourself.

自分らしく生きている。

在东京不断地发现也不断地体验，在这个饱满而充满刺激与启发的城市，发现不只是发现，探索也不只是探索，体验更不只是体验，在100多个不同的大人味发现之后，是不是能找到属于你的大人气味？或是为自己期待的生活况味描绘出轮廓、留下伏笔，并保持往前迈进的热情与动力！

设 计 师 之 旅
SHE JI SHI ZHI LV

100の东京大人味发现

TOKYO 100 TOMIC SELECTS

吴东龙著 —————— TOMIC WU

图书在版编目（CIP）数据

设计师之旅 / 吴东龙著．—北京：民主与
建设出版社，2016.5
ISBN 978－7－5139－1113－9
Ⅰ. ①设… Ⅱ. ①吴… Ⅲ. ①城市规划 － 设计
－ 图集 Ⅳ. ① TU984.313-64
中国版本图书馆 CIP 数据核字（2016）第 113106 号

责任编辑 ◆ 李保华
统筹策划 ◆ 周丽华
特约编辑 ◆ 陈 蕾 朱 岳
装帧设计 ◆ 東喜設計 TomicDesign
出版发行 ◆ 民主与建设出版社有限责任公司
电　　话 ◆ (010) 59419778　59417745
社　　址 ◆ 北京市朝阳区望京东园 523 号楼融科望京中心 B 座 601 室
邮　　编 ◆ 100102
印　　刷 ◆ 北京中科印刷有限公司
版　　次 ◆ 2016 年 11 月第 1 版　2016 年 11 月第 1 次印刷
开　　本 ◆ 710mm×1000mm 1/16
印　　张 ◆ 12.5
书　　号 ◆ ISBN 978-7-5139-1113-9
定　　价 ◆ 50.00 元

注：如有印、装质量问题，请与出版社联系。